Sachsen
Elbe
Hof
Marktleugast
Ferienhof Kosertal
TSCHECHISCHE
REPUBLIK
Prag
Bayreuth
Waldsassen
Döllingerhof
Pilsen
Weiden
i. d. Opf.
Amberg
Oberpfalz
Cham
Regen
Naab
Regensburg
Kaikenried
Ernstlhof
Regen-Schweinhütt
Weidererhof
Riedenburg
Riedenburger Hof
Deggendorf
Kirchberg im Wald
Wieshof
Straubing
Waldkirchen
Frongahof
Bayern
Landsh
D1677631
Freising
Isar
Linz
Waldkraiburg
Inn
München
Oberbayern
Huber-Hof
Huberhof
Tittmoning
Moierhof
Kiasnhof
ÖSTERREICH
Ferienhaus
Schnürmann
Halfing
Truchtlaching
Waging am See
Rosenheim
Siegsdorf
Weberhof
ruckmühl
Salzburg
Daxlberger Hof
Inzell
Bad Tölz
Ruhpolding
Andrebauernhof
Schliersee
Knoglerhof
Sonnen-
statterhof
Plenkhof
Bischofswiesen
Rottach-
Egern
Oberthannlehen
Webermohof
0
25
50 km
Inn
Salzach
© KARTOGRAPHIE Peh & Schefcik

Andrea Zimmermann, Katharina Wildfeuer
in Zusammenarbeit mit Gert Schickling

Der Bauernhoftester

Der Abrahamhof
in Benediktbeuern

Besonders geeignet für Naturliebhaber und Familien

Abrahamhof
Familie Sindlhauser
Angerfeldweg 10
83671 Benediktbeuern
Telefon 08857-1560
Telefax 08857-694460
info@abrahamhof.de
www.abrahamhof.de

ken vor. Aus Zeit- und Platzgründen konnten leider nicht alle attraktiven Höfe berücksichtigt werden. Die Autorinnen Andrea Zimmermann und Katharina Wildfeuer gingen dabei vor allem auf die Hinweise der Zuschauer zu ihren Lieblingshöfen ein, die uns nach der Ausstrahlung per Mail erreichten. Die beiden Autorinnen waren bereits in die Produktion der Fernsehreihe eingebunden und entsprechend erfahren in der Auswahl von Ferienhöfen.

Für dieses Buch haben sie sich erneut auf Reisen quer durch Bayern begeben, um weitere interessante Höfe für erholsame Urlaubstage zu finden, begleitet von Geheimtipps des Bauernhoftesters Gert Schickling.

Ich wünsche Ihnen mit diesem Buch viel Freude und interessante Anregungen für einen erholsamen Urlaub in Bayern!

Ulrich Gambke
Redaktion Sonderprojekte Kultur
Bayerisches Fernsehen

Gartenhütte auf dem Abrahamhof

dem Abrahamhof ein großer Spaß für Kinder und Eltern. Mit dem Kettcar über den Hof flitzen, mit dem Bauern die Kühe eintreiben, bei der Bäuerin melken lernen, Kutsch- und Schlittenfahrten auf den schönen Klosterrundwegen, Tischtennis, Riesentrampolin, Abenteuerspielplatz und vieles mehr. Da können die Ferien manchmal viel zu kurz sein. Auf keinen Fall entgehen lassen sollte man sich die geführten Moorwanderungen mit Franz Sindlhauser.

„Den Stadtkindern die Natur wieder nahebringen, damit wir auch in Zukunft die Natur, die Pflanzen und die Tiere schützen und die Zusammenhänge in der Natur verstehen, das ist mein Wunsch“, sagt Franz Sindlhauser und dafür ist ihm keine Mühe zu groß. Der Bauer engagiert sich selbst für den Erhalt des Naturraumes und ließ dafür eigens landwirtschaftliche Flächen brachliegen, um sie der Natur zurückzugeben.

Besonders spannend sind die Wanderungen ins nahe gelegene Moor. Die Loisach-Kochelsee-Moore entstanden vor mehr als 15.000 Jahren und zählen wegen ihrer Größe von

wer oben oder unten einzieht, sorgen für eine bayerische Gemütlichkeit im Kinderzimmer.

Unvergesslich ist für die Familien die Aussicht auf die Benediktenwand, beim Frühstück auf dem eigenen Balkon. Milch, Eier und Brot kann man direkt auf dem Hof einkaufen, alles andere gibt es im Dorfladen oder im gegenüberliegenden Klosterlädchen.

Bauernhoftester Gert Schickling und seine Kollegen von der DLG haben den „Abrahamhof" in den vergangenen Jahren viermal zum „Ferienhof des Jahres" gewählt und 2004 wurde dem Hof die Urkunde „Beliebtester Kinderferienhof Deutschlands" verliehen.

Aktivitäten rund um den Abrahamhof

Ponyreiten, Ponykutschfahrten und Heuernte auf dem Abrahamhof, Streichelzoo, Reitausflüge, Traktorfahrten, Natur- und Abenteuererlebnisse, alles Wissenswerte rund um die Kuh und die Bewirtschaftung eines Bauernhofs, dies ist auf

die Idee zur Fernsehreihe „Der Bauernhoftester“ entstand aus dem Wunsch, Bauernhöfe in Bayern mit ihrem Übernachtungsangebot unterhaltsam und dennoch kritisch vorzustellen. Aus diesem Grund haben wir den bekannten und unabhängigen Bauernhoftester Gert Schickling als „Gesicht“ der Reihe ausgewählt.

Durch den Strukturwandel in der Landwirtschaft mit ständig sinkenden Milchpreisen sind viele bäuerliche Betriebe auf zusätzliche Einnahmen angewiesen. Interessanterweise haben viele Höfe aus der Not eine Tugend gemacht. Die Gastgeber bieten sehr individuelle Übernachtungsmöglichkeiten an, verbunden mit der typisch bayerischen Herzlichkeit. Im Laufe der Recherchen hat sich herausgestellt, dass es inzwischen ein großes und vielfältiges Angebotsprofil der Höfe gibt, bis hin zur Ferienwohnung mit eigenem Kachelofen und angeschlossenem Wellnessbereich.

Das nun vorliegende Buch ist eine Erweiterung der vom Bayerischen Fernsehen produzierten Staffeln und stellt weitere interessante Bauernhöfe in den bayerischen Regierungsbezir-

Inhalt

Bildnachweis:
S. 6: © kebox - Fotolia.com
S. 7: © linda_vostrovska - Fotolia.com
Bild G. Schickling: Martin Forster

Satz: Julia Desch, Societäts-Verlag
Umschlaggestaltung: Julia Desch, Societäts-Verlag
Umschlagabbildung: © Moierhof, Chiemsee
Druck und Verarbeitung: CPI – Ebner & Spiegel, Ulm
Printed in Germany 2015

ISBN 978-3-95542-083-3

Andrea Zimmermann
Katharina Wildfeuer
in Zusammenarbeit mit Gert Schickling

Der Bauernhoftester

Ferien auf 30 ausgewählten Bauernhöfen in Bayern

Mitten im malerischen Benediktbeuern, in unmittelbarer Nähe des Klosters mit seinen Zwiebeltürmen, das noch heute als geistiges und kulturelles Zentrum im Tölzer Land gilt, liegt der Abrahamhof. Landschaftlich umgeben von der schroffen Benediktenwand und dem Loisach-Kochelsee-Moor. Auf dem ausgezeichneten Familienhof können Naturfreunde bei Familie Sindlhauser spannende Abenteuer erleben und sich von der Hektik und dem Stress in der Stadt erholen. Der Hof bietet Tiefenentspannung und Abenteuer für die ganze Familie.

Appartements und Zimmer

Der Abrahamhof ist seit 1590 nachweisbar im Besitz der Familie Sindlhauser und damit einer der ältesten Bauernhöfe Oberbayerns. Noch heute erzählt man sich im Dorf die Geschichte, wie der Urgroßvater die Steine für die Bruchsteinmauer noch mit dem eigenen Pferdefuhrwerk aus dem Lainbachtal geholt hatte. „Tradition verpflichtet“ und bis heute

führen die Sindlhausers diesen Gedanken fort. Bäuerin Cordula und ihr Mann Franz Sindlhauser bewirtschaften ihren Hof und sind „mit der für sie schönsten Arbeit“ mit Herzblut verbunden. Ihr Wissen geben sie an die eigenen Kinder und an ihre Gäste weiter.

Seit 1975 ist der Abrahamhof ein DLG-Gütezeichenbetrieb und einige Gastfamilien kommen bereits in der dritten Generation.

Ankommen und wohlfühlen sollen sich die Gäste und mancher hat unter den sechs Wohnungen, die mit ihren 38-68 Quadratmetern großzügig geschnitten sind, seine Lieblingswohnung. Die Namen „Benediktenblick“, „Hopfenkammerl“ oder „Kaminstüberl“ geben ein Versprechen ab. Die Einrichtung ist durch die Holzeinbauten mit dem Holz aus dem eigenen Wald gemütlich und warm. Und doch legen die Gastgeber Wert darauf, dass die Zimmer modern und luftig wirken. Die Wohnungen haben ein Wohnzimmer mit Sitzgarnitur, zwei Schlafzimmer und eine moderne Küche mit Kaffeemaschine und moderner Küchenausstattung. Die Zimmer für Kinder sind mit viel Liebe zum Detail gestaltet, damit sich auch die kleinen Feriengäste wohlfühlen. Kindersichere Etagenbetten mit karierter Bettwäsche, bei denen meist nur die Frage zählt,

Moorwanderung

3.600 Hektar zu den bedeutendsten Moorgebieten Süddeutschlands. Mit Gummistiefeln oder barfuss kann man also stundenlange Wanderungen unternehmen, bei denen man seltene Wiesenbrüter, Gelbbauchunken oder wilde Orchideen entdecken kann. „Für mich ist es jedes Mal schön, die staunenden Blicke der Ferienkinder zu sehen, wenn sie eine selte-

ne Pflanze oder einfach nur Kaulquappen entdecken. Dann merke ich, dass sie diese Eindrücke mit nach Hause nehmen. Und die Eltern kommen fast ebenso oft ins Staunen."

Ein kaum 100 Meter entferntes Ausflugsziel ist das Kloster Benediktbeuern. Ob ein Orgelkonzert in der Basilika, Literaturlesungen in der Bibliothek oder ein Spaziergang im Meditationsgarten, hier ist für jedes Alter etwas geboten. Am Eingang des Klosters ist das Zentrum für Umwelt im Maierhof des Klosters. Das Zentrum bietet rund um das Thema Umweltbildung zahlreiche Veranstaltungen wie Garten-Entdeckungsreisen, Führungen durch die Energiezentrale oder eine Kanadiertour auf der Loisach an. Tümpelsafaris, Heilkräuterführungen und Fledermausbeobachtungen sind nur einige der Programmpunkte.

Was tun bei schlechtem Wetter?

- Freilichtmuseum Glentleiten
  Das Freilichtmuseum Glentleiten ist das größte Freilichtmuseum Südbayerns. Mehr als 60 original erhaltene Bauernhöfe sind samt ihrer Einrichtung sind hier wieder aufgebaut und ermöglichen eine Zeitreise durch das bäuerliche Leben über die Jahrhunderte.
  Freilichtmuseum Glentleiten des Bezirks Oberbayern
  An der Glentleiten 4, 82439 Großweil
  Telefon: 08851–1850, Telefax: 08851–18511
  freilichtmuseum@glentleiten.de
  www.glentleiten.de

- Das Trachten-Informationszentrum (TIZ)
  Ein Besuch in den ehemaligen Stallungen des Klosters Benediktbeuern lohnt immer. Das Trachtenmuseum – eine

Einrichtung des Bezirks Oberbayern – ist hervorgegangen aus einer jahrelangen Forschungs- und Sammeltätigkeit zur oberbayerischen Bekleidungskultur. Heute umfassen die Bestände des Zentrums – in dieser Art weltweit einzigartig – mehr als 4.000 Original-Kleidungsstücke, ca. 20.000 Bilder und eine umfangreiche Bibliothek mit zahlreichen Raritäten. Voranmeldung erbeten.
Trachten-Informationszentrum des Bezirks Oberbayern
Michael-Ötschmann-Weg 2, 83671 Benediktbeuern
Telefon: 08857–88833, Telefax: 08857–88839
info@trachten-informationszentrum.de
www.trachten-informationszentrum.de

Geheimtipp des Bauernhoftesters Gert Schickling:

„Ich bin zwar keine Nachteule, aber der Pater des nahe gelegenen Klosters bietet Fledermausführungen zur nächtlichen Stunde an. Aufbleiben lohnt sich also."

Der Andrebauernhof
in Inzell

Besonders geeignet für Wintersportler, Bergwanderer und Wellnessurlauber

Andrebauernhof
Familie Bauregger
Sulzbacher Str. 11
83334 Inzell
Telefon 08665-7239
Telefax 08665-929916
www.andrebauernhof.de

Inzell ist ein anerkannter Luftkurort im Landkreis Traunstein, im Regierungsbezirk Oberbayern. Die Ortschaft liegt in einem weiten Talgrund in den Chiemgauer Alpen, der vom Rauschberg, dem Zinnkopf, dem Teisenberg und dem Staufen umrahmt wird. Inzell wird auch als das „Tor zum Berchtesgadener Land“ bezeichnet, da die Zwing, eine Bergenge zwischen Inzell und Weißbach, die Region Chiemgau vom Berchtesgadener Land trennt.

Seit 1972 ist Inzell Luftkurort und bietet Wanderern und Naturfreunden die Möglichkeit, die Ursprünglichkeit der Natur zu entdecken. Mehr als zehn Almen liegen auf den Bergen rund um Inzell, die meisten von ihnen sind in ein bis zwei Stunden über idyllische Bergpfade zu erreichen. Sehr reizvoll sind auch die Wanderwege durch das Inzeller Moor, die für weniger trainierte Wanderer oder Familien mit Kleinkindern spannend sind. Frauenmantel, Baldrian, Spitzwegerich, all diese Kräuter findet man im Naturschutzgebiet ebenso wie eine faszinierende Tierwelt.

Besonders beliebt ist die Gemeinde auch bei Wintersportlern, denn in den Wintermonaten gibt es dort viele Gelegenheiten, selbst Sport zu treiben und Topathleten beim Wettkampf zu beobachten. Im Bundesleistungszentrum für Roll- und Eisschnelllauf trainieren Spitzensportler wie Anni Friesinger-Postma. Beinahe jedes Wochenende finden in Inzell im Winter Weltcup-Rennen oder Meisterschaften statt. Aber auch Biathlon, Eisspeedway und Schlittenhunderennen locken Sportbegeisterte nach Inzell.

In diesem beschaulichen und doch sehr umtriebigen Ort liegt der Biobauernhof „Andrebauernhof" der Familie Bauregger. Erstmals erwähnt wurde der Hof im Jahr 1426 und seit fast 90 Jahren kommen Feriengäste auf den Andrebauernhof. Seitdem hat sich der Ferienbauernhof immer weiter entwickelt. 1999 wurde der Hof vom Kneippverband als 1. Gesundheitshof in Oberbayern ausgezeichnet. Bäuerin Burgi Bauregger versorgt nicht nur 20 Milchkühe, 30 Kälber und Rinder, zwei Ponies, Zwergziegen, Hasen, Hühner, Enten und Katzen, sie ist außerdem eine ausgebildete Kräuterpädagogin und stellt selbst Käse, Milchprodukte, Marmeladen und Salben her.

Appartements und Zimmer

Der Andrebauernhof verfügt über vier Ferienwohnungen, die jeweils mit 5 Sternen ausgezeichnet wurden und rustikal gemütlich mit Zirbenholzmöbeln ausgestattet sind. Die Ferienwohnung „Kienberg" befindet sich im 1. Stock und hat einen sonnigen Balkon zur Südseite, mit einem freien Blick in die Natur. Die Wohnung ist großzügige 80 Quadratmeter groß, mit 2 Schlafzimmern, einem Wohnraum, einer modernen Küche und einem sehr großen Bad. 4 Personen haben in dieser

Wohnung Platz, bei Bedarf kann man ein Kinderbett dazustellen.

Wer nach einem erlebnisreichen Urlaubstag entspannen möchte, für den ist der moderne Wellnessbereich auf dem Andrebauernhof ideal. Es gibt eine finnische Sauna, eine Infrarotkabine, eine Dampfsauna mit Ausgang ins Freie, ein Solarium und einen Ruheraum mit Schwebeliegen. Allein die Ausstattung des Wellnesraumes kann sich mit jedem Wellnesshotel der geho-

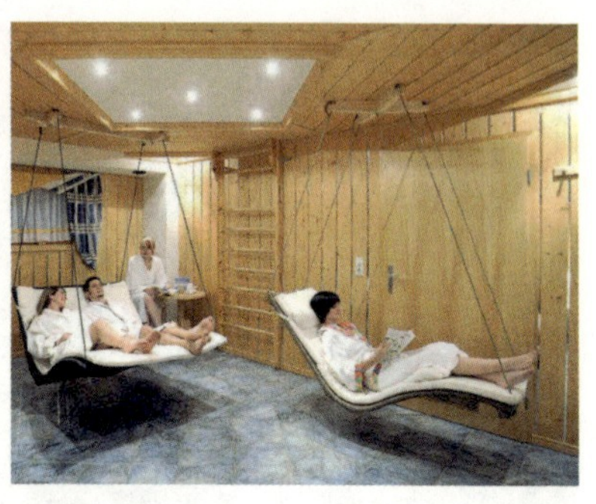

benen Klasse messen. Burgi Bauregger, die erfahrene Kräuterpädagogin, bietet gegen eine geringe Gebühr Molke- und Kräuterbäder, Haussäckchenpackungen und Güsse an. Der sanfte Duft von Lavendel, Latschenkiefer und Kamille lassen Geist und Seele entspannen und verleihen den Urlaubern Kraft für einen neuen Tag.

Wer sich eher sportlich verausgaben möchte, der kann an hochwertigen Trainingsgeräten im hofeigenen Fitnessraum trainieren. Außerdem stellen die Baureggers Fahrräder zur Verfügung, mit denen man die Umgebung erkunden kann. Auch für Kinder gibt es auf dem Hof viel Spannendes zu entdecken. Die Kleinsten können sich auf der Spielwiese austoben und schaukeln, wippen, Bollerwagen fahren oder mit dem Bobbycar auf dem Hof fahren. Für die größeren Kinder gibt es eine Kletterwand, ein Trampolin und eine Tischtennisplatte. Und am Abend findet man die Kinder meist im Stall beim Füttern und Streicheln der Hoftiere.

Aktivitäten rund um den Andrebauernhof

Rund um den Andrebauernhof kann man herrliche Bergwanderungen unternehmen und in den urigen Almen einkehren. Inzell wirbt damit, das „sportliche Familien-Urlaubsparadies

der Chiemgauer Alpen“ zu sein. So bietet der Ort geführte Touren mit dem Mountainbike oder Nordic Walking-Touren, Inlineskating, Reiten, Tennis, Golf, Gleitschirmfliegen, Angeln oder Baden im Zwingsee. Inzell ist auch ein Vorreiter bei Trendsportarten.

So gibt es hier Deutschlands größte FußballGolf-Anlage im Soccer Park Inzell. FußballGolf ist eine Mischung aus Fußball und Golf und wird wie Golf auf 18 Bahnen gespielt. Ziel ist es, den Fußball mit möglichst wenig Schüssen in ein

Loch zu spielen. Das Gelände in Inzell umfasst knapp 80.000 Quadratmeter und bietet einen Blick auf die umliegenden Berge und das angrenzende Moorgebiet.

Ein weiteres Highlight in Inzell ist der Bergwald-Erlebnispfad. Auf 3,5 Kilometern geht es vom Forsthaus Adlgaß durch den Wald zum Frillensee, vorbei an malerischen Lichtungen und einem plätschernden Bergbach. Ab hier gibt es 19 Erlebnis- und Infostationen, Dank deren Hilfe man den Bergwald mit allen Sinnen unmittelbar erlebt. So kann man mit geschlossenen Augen über den Barfußpfad gehen und Moos, Baumrinde und Kieselsteine unter den Füßen spüren, auf einer Holzorgel spielen oder mit den Zehen die Wassertemperatur des eiskalten Frillenseebaches schätzen. Nebenbei lernt man Wissenswertes rund um den Wald: Welcher Baum wird bis zu 600 Jahre alt? Wie viele Tiere leben in einem abgestorbenen Baum? Wie weit springen Hase, Reh oder Wildsau? Die Dauer der Entdeckertour erstreckt sich über zwei bis drei Stunden.

Inzell ist auch im Winter ein sehr beliebter Urlaubsort. Die Highlights sind Skifahren und Snowtubing an der Kessel-Alm, Langlauf auf 40 Kilometer präparierten Loipen, Skitouren, Schneeschuhwandern und Rodeln auf der Naturbahn im Ortsteil Adlgaß und Eislaufen oder Eisstockschießen in der Max Aicher Arena.

Was tun bei schlechtem Wetter?

- Inzeller Eisschnelllaufhalle

  Die neue hochmoderne Eisarena wurde zur Eisschnelllauf-WM 2011 eröffnet und gilt als architektonische Besonderheit. Dank der transparenten Glasfassade schwebt das filigrane Dach der Eishalle über der Eisbahn und gewährt den

Zuschauern freien Blick in die herrliche Umgebung, die Berge und zum Zwingsee.
Inzeller Eisschnelllaufhalle Max Aicher Arena
Max Aicher Arena.
Reichenhaller Straße 79, 83334 Inzell
Telefon 08665-988111 (Kasse), info@max-aicher-arena.de

- Bücherei Inzell
  Die Bücherei in Inzell ist ein besonderes Kleinod, da man hier gelegentlich lokale Schriftsteller treffen kann. So lesen hier der Inzeller Robert Hültner oder die Krimiautoren Wolfgang Schweiger und Roland Voggenhauer, deren Chiemgaukrimis weithin bekannt sind.
  Bücherei Inzell, Haus des Gastes
  Rathausplatz 5, 83334 Inzell

Geheimtipp des Bauernhoftesters Gert Schickling:

„Auch wenn Annie Friesinger nicht mehr aktiv bei Wettbewerben läuft, mache ich jedes Mal einen Abstecher zum Eisstadion, um zu sehen, ob sie nicht doch gerade ihre Runden dreht."

Der Bichler-Hof
in Wertach im Allgäu

Besonders geeignet für Bergfreunde und Wellnessurlauber

Der Bichler-Hof
Familie Herz
Bichel 20
87497 Wertach
Telefon 08365-70280
Telefax 08365-70288
info@bichler-hof.de
www.bichler-hof.de

Der Bichler-Hof liegt im Bergdörfchen Wertach mitten in typischer Allgäuer Landschaft mit Blick ins bezaubernde Wertachtal. Der Name Wertach stammt aus der keltischen Zeit und bedeutet „Grünes Wasser“. Grün und naturverbunden ist die Gegend auch heute noch. Wertach im Allgäu steht zu großen Teilen unter Landschafts- und Naturschutz. Neben zahlreichen Tierarten ist aber auch das Wertacher Hörnle mit seinen Alpenrosenhängen als Naturdenkmal bekannt.

Eingebettet in diese atemberaubende Natur ist der Bichler–Hof auf 1023 Meter. Der gepflegte Allgäuer Bauernhof garantiert erholsame Tage und besten Komfort. Die wunderschönen neuen Wohnungen wurden mit 5 Sternen ausgezeichnet. Viel Platz, Tiere zum Anfassen, Spiel- und Freizeitspaß rund um den Ferienhof bieten Erholung und Abwechslung zugleich. Der Ferienhof wurde von der DLG zum Ferienhof des Jahres 2012 gewählt.

Appartements und Zimmer

Bichler-Hof

Auf dem Bichler-Hof sind Tradition und Moderne im Einklang. Bäuerin Paula Herz hat ihre Gästewohnungen wirklich mit „viel Herz" eingerichtet. In romantischen, äußerst gepflegten Zimmern mit Himmelbetten und in wunderschön eingerichteten Ferienwohnungen für 2-6 Personen mit getrennten Schlafzimmern sind die Gäste aufs Beste untergebracht. Da jede Wohnung über einen eigenen Kachelofen verfügt, kommt heimelige Wärme auf. Der Hof bietet ein Frühstücksbuffet mit regionalen kulinarischen Köstlichkeiten. Einen ganz besonderen Service gibt es, wenn Eltern mal einen Abend ausspannen möchten. Der Bichler-Hof bietet einen eigenen Babysitterservice an. Aber ganz ehrlich – bei so schönen Wohnungen bleibt man eigentlich am liebsten „zu Hause"

Ferienwohnung + Alpenstüble

auf dem Bauernhof. Entspannende Stunden verbringt man auch in der hofeigenen Wellnessoase mit Sauna, Kneippbädern und Massagen.

Aktivitäten rund um den Bichler-Hof

Auf dem Bichler-Hof kommt jeder auf seine Kosten. Für Ruhesuchende gibt es neben dem Wellnessangebot noch eine Liegewiese mit Sonnenstühlen und einen Bauerngarten. Sportliche Gäste nehmen gerne den Fahrradverleih mit den E-Bikes in Anspruch und erkunden auf geführten Radtouren und Nordic Walking-Touren die Bergwelt. Für Pferdefreunde bietet der Hof geführte Ausritte mit den Ponies oder Kutsch- und Planwagenfahrten an. Die Kleinen bekommen extra Kinderprogramme oder sie können sich auf dem großzügigen Spielplatz mit zahlreichen Holzspielgeräten austoben. Gemeinsame Grillabende und die Verkostung regionaler Spezialitäten runden das Programm auf dem Hof ab.

Kulinarisch hat die Region sowieso einiges zu bieten. Mehr als 20 Gaststätten oder bewirtschaftete Almen bieten die weit-

Alpenwellness

hin bekannten „Kässpätzle“ oder „Käsespatzen“ als kulinarisches Highlight an.

Wer vor kulinarischen Experimenten nicht zurückschreckt, sollte unbedingt die Wertacher Käsespezialität, den „Weißlacker“ probieren. Ein wahres Duftwunder, gegen den jeder Romadour verblasst. Der Weißlacker wurde 1874 von den Brüdern Kramer in Wertach erfunden. Laut der Legende standen Josef und Anton Kramer vor dem Ruin, weil durch den französisch-preußischen Krieg nicht genügend Kühlmöglichkeiten bestanden. Die Brüder erhöhten nun den Fett- und Salzgehalt ihres Käses, um ihn länger haltbar zu machen. Einen Käse aber vergaßen sie im Lagerraum und als sie ihn nach einem Jahr hervorholten, hatte er eine weiße, lackartige Schmiere an der Oberfläche und schmeckte fantastisch – der Weißlacker war geboren.

Weitere kulinarische Besonderheiten sind die Forellen und Zander aus der Region. Viele von ihnen stammen aus dem 1962 entstandenen Wertach-Stausee, der als eines der besten

Zandergewässer Bayerns gilt und bei Anglern sehr beliebt ist.

Acht Themen- und Erlebniswege sorgen im Oberallgäuer Ferienort Wertach dafür, dass Gäste immer wieder etwas Neues entdecken können. Man kann wählen zwischen Fischerei-, Imker- und Wildlehrpfad. Auf dem Naturerlebnispfad lernt man das Baumtelefon kennen, und der „Grüne Pfad" gibt Aufschluss über die Allgäuer Land- und Milchwirtschaft.

Auf der „Fährte des schlauen Fuchses" gelangt man völlig barrierefrei zum Waldspielplatz „Großer Wald". Im Sommer lädt dieser Weg auch zur Einkehr in diverse Alphütten ein, wo man sich bei kühlen Getränken und einer zünftigen Brotzeit stärken kann. Ebenfalls im Sommer leicht begehbar ist der Sebaldweg, auf den Spuren des bekannten Schriftstellers W.G. Sebald. Auf sechs Stelen sind Textstücke aus seinem Werk „Schwindel.Gefühle" zu lesen. Eine große Anstrengung ist es nicht, die verschieden langen Strecken, sie reichen von 1,5 bis elf Kilometer Länge, zu bewältigen. Ob geführt oder auf eigene Faust bleibt jedem Gast selbst überlassen.

Ponyreiten

Spielplatz

Wertach ist bekannt für seine Kuranwendungen mit einer Wassertretanlage und einem Armbecken für Kneippsche Anwendungen. Im Kurpark finden außerdem Konzerte mit wechselnden Themenschwerpunkten statt.

Für Musikliebhaber gibt es von Mai bis Oktober jede Woche das Alphornblasen in Wertach, denn seit 1974 gibt es hier wieder eine eigene Alphornbläsergruppe. Schon vor ca. 400 Jahren, also um das sechzehnte Jahrhundert, wurde das Alphorn als Verständigungsmittel der Hirten von Alpe zu Alpe verwendet. Bestimmte Tonfolgen hatten ihre eigene Bedeutung, zum Beispiel als Weckruf oder als Warnruf. Den Beweis dafür, dass schon vor Urzeiten das Alphorn in dieser Region geblasen wurde, findet man in einer kleinen Bergkapelle im Rohrmoos . S' Rohrmoos liegt in einem Seitental von Oberstdorf. In einem Altarbildausschnitt dieser kleinen Bergkapelle aus dem Jahre 1568 ist in einer Anbetungsszene ein Alphornbläser dargestellt und im Hintergrund ist eindeutig der Grünten erkennbar.

Die Allgäuer Berge locken im Winter auch begeisterte Skifahrer oder Familien, die eine Schlittenfahrt und Spaziergänge durch die verschneite Berglandschaft machen möchten, auf den Bichler-Hof. Auch zu dieser Jahreszeit ist der Hof wärmstens zu empfehlen.

Was tun bei schlechtem Wetter?

- Breitachklamm
  Für den Urlauber ist sie die ideale Alternative bei Schlechtwetter, denn je mehr Wasser durch die Klamm hindurch fließt, desto imposanter wirkt sie.

- Heimatmuseum Wertach
  Das Heimatmuseum in Wertach erzählt die Geschichte des Ortes Wertach. Handwerk, Tradition, Tiere, Waffen, Schmetterlinge, Gemälde und die älteste Kirchenuhr vom Allgäu können betrachtet werden.
  Heimatmuseum, Grüntenseestr. 27, 87497 Wertach
  Telefon 08365-702199, Telefax 08365-702121

Geheimtipp des Bauernhoftesters Gert Schickling:

„Lassen Sie sich von der Bäuerin ihr Allgäuer Kässpätzlerezept geben. Nicht verzweifeln, das braucht Übung. Und nicht vergessen – eine Wertacher Brotzeit mit Weißlacker genießen!"

Der Bussjägerhof
bei Schloss Neuschwanstein

Besonders geeignet für Familien, Bergfexe und Wellnessgäste

Bussjägerhof
Maria & Werner Erhard
Bromberg 9
82389 Böbing
Telefon 08867-1781
Telefax 08867-913117
info@bussjaegerhof.de
www.bussjaegerhof.de

Seit mehr als 300 Jahren ist der Bussjägerhof in Oberbayern in Familienbesitz und seit über 20 Jahren verbringen Gäste hier erholsame Urlaubstage. Die Alpenregion abseits von Lärm und Verkehr mit seinen wunderschönen Aussichten und der vielfältigen Natur bilden eine herrliche Kulisse für den ruhig gelegenen Hof. So sind die Zugspitze, Neuschwanstein und Hohenschwangau nicht fern und auch Murnau ist in unmittelbarer Nähe. Der Hof der Familie Erhard wurde 2012 als DLG Ferienhof des Jahres ausgezeichnet und erfüllt damit die höchsten Ansprüche der Bauernhoftester. Besonders wichtig ist der Familie, dass sie sich intensiv um ihre Gäste kümmern kann und so sagt Maria Erhard: „Wir haben das Vertrauen unserer Gäste über die Jahre gewonnen, weil wir wissen, was Urlauber bei uns suchen und wir sie nach besten Kräften verwöhnen möchten. Uns geht das Herz auf, wenn wir die Gäste glücklich und entspannt bei uns auf dem Hof erleben.“

Panoramablick

Hof im Winter

Stubn

Appartements und Zimmer

Insgesamt gibt es auf dem Bussjägerhof 6 Ferienwohnungen und Ferienhäuser, die äußerst geschmackvoll im oberbayerischen Stil eingerichtet sind. Alle Wohnungen sind großzügig geschnitten, verfügen über zwei Schlafzimmer, eine komplette, moderne Küche mit Geschirrspüler und allen modernen Küchengeräten. Das Schmuckstück des Hofes ist das 100 Quadratmeter große 5-Sterne-Ferienhaus „Abendsonnenwiese“ mit seiner bayerischen Stube und dem behaglichen Kachelofen mit Sichtschutzglas. Das große Badezimmer mit Badewanne, Dusche, WC und Bidet entspricht Anforderungen, die manches Wellnesshotel nicht erfüllen würde. Das Ferien-

Schlafzimmer + Wohnraum + Kinderschlafzimmer

haus hat zwei Schlafzimmer und ein Kinderzimmer mit einer Einrichtung aus Vollholz. Die große Privatterrasse mit Blick auf die bayerische Bergwelt ist ein Ort der absoluten Entspannung.

Bäuerin Maria Erhard kennt die Bedürfnisse ihrer Gäste. „Wir haben manchmal Gäste, die möchten noch eine Babysitterin oder die Oma mitnehmen und trotzdem ganz für sich sein. Hier bieten wir die Möglichkeit eines ‚zubuchbaren Zimmers', das heißt, dass man ein hübsches separates Zimmer für wenig Geld dazu buchen kann. So kann die Familie entspannen und auch die Begleitperson hat ihren Rückzugsort."

Für Entspannung und Erholung sorgt der hofeigene Saunaraum. Im Wellnessbereich werden Massagen zur Muskelentspannung angeboten.

Wer den Abend mit anderen Gästen in stilvollem Ambiente ausklingen lassen möchte, kann das in der Hofstube machen, die den Gästen jederzeit zur Verfügung steht.

Diese wird auch gern als gemeinschaftlicher Frühstücks- oder Aufenthaltsraum genutzt. Zusätzlich bietet der

Sauna

Schlemmerfrühstück

Bussjägerhof einen Getränke- und Semmelservice. Wer das Rundum-Verwöhnprogramm möchte und sich nicht an den Herd stellen mag, der kann sich auf dem Hof ein leckeres Schlemmerfrühstück mit Marmelade und Honig aus der Region und selbstgemachtem Joghurt bestellen oder in der nahe gelegenen Bromberg-alm mit Gastronomiebetrieb einkehren.

Aktivitäten rund um den Bussjägerhof

Der Bussjägerhof lebt zwar nicht mehr von der Viehzucht, dennoch sind auf dem Hof viele Tiere, die auch gerne gefüttert und gestreichelt werden dürfen. Der Haflinger Benno und die Ponys Mecki und Moritz warten auf einen kleinen Ausritt und auch die Schweine Berta und Beate und die Schafe Lisl und Lotte halten sich des Öfteren im Freigehege auf und können gestreichelt werden. Wer Angst vor den großen Tieren hat, kann mit den Kaninchen spielen, die es gewohnt sind, dass die kleinsten Gäste sie füttern und streicheln. Bauer Werner Erhard sagt: „Die persönliche Beziehung zu unseren Tieren ist für die Stadtkinder manchmal der erste Kontakt zu Tieren. Ein paar Mal sind hier beim Abschied Tränen geflossen. Die Kinder verstehen es aber, wenn wir ihnen erklären, dass die Tiere es hier so gut haben, dass sie gar nicht mit in die Stadt möchten."

Ein wahres Kinderparadies ist die Spielscheune mit der Kletterwand, dem großen Trampolin und einem Abenteuer-

spielwald. Ein (für Nichtschwimmer sicher abgegrenzter) Badeteich, ein überdachter Sandspielplatz, Tischtennis und Fußballkicker, eine Dartscheibe, eine Gaudiseilbahn sind nur einige der hofeigenen Freizeitmöglichkeiten.

Eine kleine Wanderkarten-Bibliothek und reichlich gute Wandertipps des Hausherren sichern erlebnisreiche Touren, gute Hüttenbrotzeiten, Fackelwanderungen und vieles mehr. Darüber hinaus bietet die Umgebung ein reiches Angebot an Sehenswürdigkeiten. So sind beispielsweise die Zugspitze und die Königsschlösser Neuschwanstein, Hohenschwangau und Linderhof nicht fern. Das ebenfalls nahe gelegene Murnau mit dem Münter-Haus, in dem die Malerin Gabriele Münter mit Wassily Kandinski lebte, gilt als Wiege

Spielscheune + Biopool

Hauseigener Skilift

des Blauen Reiters. Bäuerin Maria Erhard: „Wir sind hier mit einer wunderschönen Landschaft und einer reichen Kultur gesegnet, dafür sind wir dankbar und wir möchten, dass unsere Gäste mit diesen Impressionen heimfahren."

Auch im Winter ist der Bussjägerhof attraktiv. Familie Erhard hat einen eigenen Skilift mit Skiverleih und bietet ihren Gästen einen Skikurs an. Fortgeschrittene Skifahrer finden im nahen Zugspitzmassiv ideale Schneebedingungen. Der Hof ist also auch für Winterurlauber hervorragend geeignet.

Was tun bei schlechtem Wetter?

- Schlossmuseum Murnau

  Das Schlossmuseum zeigt die mit Murnau verbundene, international bedeutende Kunst- und Literaturgeschichte. Herzstück des Museums ist die umfangreiche Sammlung von Werken Gabriele Münters sowie von Arbeiten der

Künstler der „Neuen Künstlervereinigung München" u..
des „Blauen Reiter", unter ihnen Wassily Kandinsky, Marianne von Werefkin, Alexej Jawlensky und Franz Marc. Die Werke zeigen, dass die Künstler in Murnau und Umgebung seit 1908 ihre Bildmotive in und um Murnau fanden.
Schlossmuseum Murnau
Schlosshof 2-5, 82418 Murnau am Staffelsee
Telefon 08841-476-207 oder -201
Telefax 08841-476-277
schlossmuseum@murnau.de,
www.schlossmuseum-murnau.de

- Schloss Neuschwanstein
  Neuschwanstein gehört heute zu den meistbesuchten Schlössern und Burgen Europas. Rund 1,4 Millionen Menschen jährlich besichtigen „die Burg des Märchenkönigs".
  Schlossverwaltung Neuschwanstein
  Neuschwansteinstraße 20, 87645 Hohenschwangau
  Telefon 08362-93988-0, Infoline 08362-93988-77
  Fax 08362-93988-19, svneuschwanstein@bsv.bayern.de

Geheimtipp des Bauernhoftesters Gert Schickling:

„Gehen Sie mit Werner Erhard auf eine Fackelwanderung, aber ziehen Sie sich festes Schuhwerk an. Es wird abenteuerlich. Man fühlt sich wie in einem Märchen der Gebrüder Grimm."

Der Daxlberger Hof
im Chiemgau

Besonders geeignet für Familien, Tier- und Pflanzenfreunde

Daxlberger Hof
Familie Buchöster
Daxlberger Straße 8
83313 Siegsdorf
Telefon 08662-9264
info@daxlbergerhof.de
www.daxlbergerhof.de

Mitten im Chiemgau zwischen den Alpen und dem Chiemsee liegt der 5-Sterne-Ferienhof auf einer idyllischen Anhöhe mit herrlichem Bergpanoramablick. Der Daxlberger Hof wurde mehrfach ausgezeichnet und ist durch seine Alleinlage fernab von jedem Lärm und Straßenverkehr ideal für Ruhesuchende.

Appartements und Zimmer

Der Daxlberger Hof wird seit Jahren von Familie Buchöster bewirtschaftet. Bauer Theo freut sich besonders, wenn sich die Ferienkinder für seine tägliche Arbeit auf dem Hof interessieren. Bäuerin Gabi zeigt den Gästen als ausgebildete Kräuterpädagogin die Vielfalt und die Verwendung der heimischen Bergkräuter. Der Bayerische Rundfunk berichtete mehrfach über das Kräuterwissen der Bäuerin.

Auf dem Daxlberger Hof befinden sich sechs gemütliche 4- und 5-Sterne-Ferienwohnungen, die lichtdurchflutete Zimmer, großzügige Räume und eine moderne, äußerst hochwertige Ausstattung haben, die liebevoll von Bäuerin Gabi Buchöster ausgesucht wurde. Die 80 Quadratmeter große 5-Sterne-Ferienwohnung bietet Platz für 2 Erwachsene und zwei Kinder.

Der großzügige Wohnraum hat einen heimeligen Kachelofen. Einen ereignisreichen oder entspannten Tag auf dem Hof kann man kaum schöner ausklingen lassen als auf dem wunderschönen Balkon mit Panoramablick. Die komplett ausgestattete Küche hat einen Geschirrspüler, Kaffeemaschine, Wasserkocher, Eierkocher und einen Toaster. Wer auf Fernsehen und Musik nicht verzichten möchte, hat die Möglichkeit über Sat-TV zahlreiche Fernsehprogramme zu sehen oder über die Stereoanlage Musik zu hören. WLAN ist in den Appartements selbstverständlich. Die sogenannte „Dreikäsehoch-Grundausstattung“ bietet Kinderbettchen, eine Wickelkommode, einen Hochstuhl, Pürierstab, Fläschenwärmer und Kinderbesteck.

Aktivitäten rund um den Daxlberger Hof

Bauer Theo Buchöster kümmert sich als echter Landwirt selbst um seine Kühe, Kälbchen, Pferde, Ponys, Ziegen, Hasen und Katzen auf dem Hof. Wer gerne etwas über die Stallarbeit und die Versorgung der Tiere lernen möchte, darf mithelfen. So lernt jeder, dass es Tierliebe, Sorgfalt und viel handwerkliches Geschick braucht, wenn ein Hof so gut „in Schuss“ sein soll

Kräuterpädagogin Gabi Buchöster

wie der Daxlberger Hof. Ganz nebenbei ist der Bauer auch noch ein wahrer Pferdeflüsterer und nimmt Gäste auf einen Ausritt durch das schöne Chiemgau mit. Doch auch hier ist er vorsichtig und meist sind es geführte Ritte am Zügel, mit denen Anfänger ihre Angst vor den Ponies verlieren sollen. Im Vordergrund steht das Erlebnis Tier und Natur.

Besonders beliebt sind die Almwanderungen. Wenn Bäuerin Gabi und Bauer Theo mit allen, die Lust und ein bisschen Ausdauer haben, in die nahe gelegenen Berge gehen. Der Hof bietet sogar Rucksäcke und Kindertragen zur Ausleihe. Hier ist an alles gedacht. Zur Belohnung für den anstrengenden Aufstieg bereitet die Sennerin auf der Brandner Alm einen leckeren Kaiserschmarrn zu. Auf der Hefteralm gibt es frisches Bauernbrot aus dem Holzbackofen und geschmacksintensiven Almkäse.

Dabei ist Bäuerin Gabi selbst eine hervorragende Köchin und als ausgebildete Kräuterpädagogin kennt sie sich mit Pflanzen und Kräutern bestens aus. So bietet sie für ihre Gäste Kräuterführungen, bei denen man Neues und Interessantes über die Vielfalt und Heilkraft von Früchten und Kräutern erfährt. Gabi Buchöster belässt es nicht nur bei der Theorie, denn sie kocht mit Kräutern oder setzt Tinkturen mit duften-

den Rosen- oder Ringelblumenblüten an. „Unsere Natur bietet soviel Gesundes, Abwechslungsreiches und Köstliches. Ich möchte, dass unsere Gäste möglichst viel davon bei uns kennenlernen“, sagt die Pflanzenexpertin.

Da die Kräuter für die angebotenen Produkte von Hand gepflückt, getrocknet und verarbeitet werden, bleiben die ätherischen Öle sowie die Wirk- und Heilstoffe vollständig erhalten. Im kleinen Kräuterstüberl gibt es selbst gemachte Kräuterprodukte wie Öl, Essig, Sirup, Gelee, Tee und Likör zu kaufen. Aber auch Kräuterkäse oder Marmeladen, die ein Frühstück in der Ferienwohnung erst so richtig zu einem bäuerlich originalen Genuss machen.

Was tun bei schlechtem Wetter?

- Südostbayerisches Naturkunde- und Mammut-Museum
  Im Siegsdorfer Naturkunde- und Mammut-Museum kann man 45.000 Jahre alte Mammut-Knochen und eine Mam-

mutnachbildung besichtigen, außerdem erfährt man Wissenswertes rund um die Steinzeit.
Südostbayerisches Naturkunde- und Mammut-Museum
Auenstraße 2, 83313 Siegsdorf
Telefon 08662-13316, Telefax 08662-668 7800
Mobil 0160-6662321, mammut@museum-siegsdorf.de

- Bauerntheater
  Mit Stücken wie „Brautschau im Irrenhaus", „Opa will heiraten" und „Diplom Bauernhof" begeistert das seit 1848 bestehende Eisenärzter Bauerntheater Urlaubsgäste und Einheimische gleichermaßen.
  Bauerntheater Eisenärzt, Dorfstraße 40, 83313 Siegsdorf
  nähere Informationen über
  www.tourismus-siegsdorf.de/orte/eisenaerzt

Geheimtipp des Bauernhoftesters Gert Schickling:

„Versuchen Sie doch, wie ich, das Kräuterhexendiplom zu bestehen. Dazu muss man 5 Gartenkräuter anhand von Duft und Aussehen erkennen, 3 Wildkräuter bestimmen und deren Verwendung in Küche und für die Gesundheit benennen, ein Kräuterschmankerl aus Garten- und Wildkräutern herstellen und dann noch auf dem Daxlberger Hexenbesen reiten. Ob ich auf Anhieb bestanden habe, verrate ich hier nicht."

Der Döllingerhof
in der Oberpfalz

Besonders geeignet um die Seele baumeln zu lassen

Der Döllingerhof
Familie Hermann und
Margit Döllinger
Querenbach 4
95652 Waldsassen
Telefon 09638-538
Telefax 09638-939714
kontakt@doellinger-hof.de
www.doellinger-hof.de

Der Döllingerhof liegt in der Oberpfalz, ganz in der Nähe der tschechischen Grenze Richtung Marienbad und Waldsassen oder wie die Einheimischen sagen: in der „tatsächlichen Mitte Europas“ in idyllischer Abgeschiedenheit. Das traditionsreiche Haus wurde renoviert und bietet nun Feriengästen eine ruhige Zeit auf dem Land.

Die Landwirtschaft auf dem Döllingerhof ist als Milchviehbetrieb ausgerichtet und umfasst 30 Hektar Nutzfläche. Besonders Kinder beteiligen sich hier gerne an den alltäglich anfallenden Arbeiten und erleben damit jeden Tag neue Abenteuer. Ob beim Füttern, Melken, Ausmisten und Traktor fahren – den Kleinen wird es auf dem Hof bestimmt nicht langweilig.

Die Gastgeber bewahren noch typisch bayerische Traditionen, verwöhnen ihre Gäste mit heimischen Spezialitäten und laden auch gerne zu zünftigen Abenden mit Hausmusik ein.

Appartements und Zimmer

Der Döllingerhof verfügt über 2 Doppelzimmer mit Dusche/WC und eine Ferienwohnung mit wahlweise einem oder zwei Schlafräumen und einem Aufenthaltsraum. Die Einrichtung ist rustikal, freundlich und sehr sauber.

Die Gäste können sich bei einem deftigen Bauernfrühstück mit selbstgemachter Butter, frischer Milch von den hofeigenen Kühen und selbstgemachter Marmelade in Ruhe auf den Tag vorbereiten. Die Frühstückseier kommen frisch aus dem Nest auf den Tisch, und wenn Margit Döllinger ausbuttert, gibt es sogar frische Buttermilch!

Aktivitäten rund um den Döllingerhof

Der gemütliche Bauernhof lädt vor allem zum Entspannen ein. Der hofeigene Schwimmteich ist nicht nur zum Schwimmen da, sondern auch ein Anglerparadies. Gäste dürfen im Morgengrauen oder am frühen Abend gerne dabei sein, um sich ihr Abendessen selbst zu fangen.

Andere Aktivitäten, die man vom Döllingerhof aus unternehmen kann, sind: Wandern, Reiten, Fußball, Fahrradfahren, Skifahren, Golf, Tischtennis oder Tennis. Außerdem gibt es die Möglichkeit, mit den hofeigenen Pferden auszureiten. Und so kann im wilden Osten Bayerns beinahe das Gefühl aufkommen, man sei auf einer Ranch. Vor allem dann, wenn Bäuerin Margit Döllinger ihre Tanzgruppe zu Gast hat. „Ich habe vor einigen Jahren mit dem Squaredance angefangen und inzwischen sind wir bis über die Grenze hinaus bekannt." Selbst Gert Schickling wurde bei seiner letzten Prüfung auf dem Hof zu einem Tanz aufgefordert. „Ja, so etwas ist immer ein Pluspunkt, wenn die Familien ihren Gästen anbieten, an ihrem normalen Leben teilzuhaben, wenn man sich kümmert – wie in einer Familie", sagt der Prüfer.

Margit Döllinger, als gute Seele des Hofes, bringt ihren Gästen auch alte Traditionen bei, so wie das Ausbuttern – das Herstellen von Süßrahmbutter im Holzfass.

Die Ausflugsziele in der näheren Umgebung sind Sibyllenbad, die Stadt Waldsassen und das nahe Fichtelgebirge. Der Grenzübergang nach Tschechien ist nur 6 Kilometer entfernt. Die Gegend ist besser bekannt als das böhmische Bäderdreieck.

Bauernhoftester Gert Schickling beim „Ausbuttern"

Was tun bei schlechtem Wetter?

- Kloster Waldsassen

  Das Kloster wurde um 1133 als Zisterzienserkloster gegründet. Seit Mitte der 1990er Jahre erlebt das Kloster Waldsassen einen Neuaufbruch. Im Zuge der ersten Generalsanierung seit der Barockzeit konnten die vom Verfall bedrohten Gebäude renoviert werden. Ein Gästehaus für ein Kultur- und Begegnungszentrum wurde errichtet.

- Straußenfarm Mitterhof

  Die Homöopathin Berta Frank züchtet auf dem Mitterhof, der früher zum Kloster gehörte, Strauße, Alpakas und Lamas.
  Straußenfarm Mitterhof
  Mitterhof 1, 95652 Waldsassen
  www.straussenfarm-mitterhof.de

- Marienbad (Tschechien)

  Die nur wenige Kilometer entfernte Stadt in Tschechien ist berühmt für seine Bauten und Kuranlagen.

Rund 40 Heilquellen entspringen in Marienbad. Empfohlen werden von Ärzten oft Trinkkuren, Moorbäder und Behandlungen gegen Atmungs-, Stoffwechsel- und Nierenerkrankungen, Verspannung und Muskelschmerzen.

Geheimtipp des Bauernhoftesters Gert Schickling:

„Der Döllingerhof ist ein gutes Beispiel, dass es manchmal schwierig ist, Sterne zu verteilen. Die Zimmer haben zwischen 2 und 3 Sterne, der Familie würde ich aber 5 Sterne für ihre Fürsorge, Freundlichkeit und Fröhlichkeit geben. Und manchmal ist Herzlichkeit mehr wert als ein perfektes Ambiente. Empfehlung: Probieren Sie auch das selbstgebraute Zeuglbier. “

Der Ernstlhof
in Kaikenried im Bayerischen Wald

Besonders geeignet um „herrlich natürlich zu wohnen“

Ferienwohnung Ernstlhof
Sigrid und Karlheinz Ernst
Regener Str. 13
94244 Kaikenried
Telefon 09923-802333
Telefax 09923-802334
info@ferienwohnung-ernstlhof.de
www.ferienwohnung-ernstlhof.de

Kaikenried im Bayerischen Wald ist die zweitgrößte Ortschaft in der Marktgemeinde Teisnach und liegt am Südhang des Hallerberges im Bayerischen Wald im Landkreis Regen. In zentraler Lage befindet sich der Ernstlhof, der sich selbst als Ausgangspunkt für alle Aktivitäten in der Region sieht. Wanderer, Radfahrer, Skifahrer, Kanufahrer, Golfer und Pferdeliebhaber starten vom Hof aus ihre Ausflüge.

„Das einfache Leben genießen und doch auf nichts verzichten, einfach herrlich natürlich wohnen!“ Nach diesem Motto gestalteten Karlheinz und Sigrid Ernst ihre drei Ferienhäuser in Kaikenried.

Die Ferienhäuser auf dem Ernstlhof bieten auch größeren Gruppen, nämlich bis zu 40 Personen, Platz. Gruppen, Vereine, Firmen, Seminarteilnehmer oder Familientreffen sind auf dem Ernstlhof willkommen.

Lagerfeuer auf dem Ernstlhof

Appartements und Zimmer

Beim Ausbau ihrer Ferienwohnungen legte die Familie Ernst besonderen Wert auf heimische, natürliche Materialien. Für

Böden, Fenster, Türen, Außenverschalung und Möbel wurde Massivholz verwendet. Die mit viel Liebe zum Detail schreinergefertigten Möbel bewahren die niederbayerische Tradition des Holzbaus. Edle Stoffe und warme Farben sorgen für Harmonie. Panoramafenster holen die Natur ins Haus. Der Kachelofen bietet wohlige, angenehme, gesunde Strahlungswärme.

Die Möbel wurden von Karlheinz Ernst in der eigenen Schreinerei – von Meisterhand – gefertigt. Massives Holz, geölte Oberflächen, vom Boden bis unter das Dach. Die Bettkästen sind „gezinkt“ und bewahren damit eine zeitlose, alte Handwerkskunst.

Das Ferienhaus „Sacherl“ (190 qm) ist mit vier geräumigen Schlafzimmern und zwei Bäder mit Dusche + WC und einem seperaten WC im EG eine Luxusunterkunft! Eine große Terrasse mit einem großen Tisch, massiven Bänken und einem herrlichen Ausblick gehören dazu. Der Service geht soweit, dass nicht nur der Brötchenservice angeboten wird, sondern auch ein Einkaufs- und Reinigungsservice. Interessant ist, dass es einen „Leih-Fernseher auf Anfrage“ gibt und zwar deshalb, weil die Familie bewusst möchte, dass sich die

Gäste entscheiden, ob sie in dieser Umgebung überhaupt einen Fernseher haben möchten.

Der Ernstlhof ist ideal für Familien, da die Wohnungen alle kindgerecht ausgestattet sind. Babybetten, Kinderstühle und Kinderspielzeug sind Standard. Außerdem bietet die Familie Kinderbetreuung von ausgebildetem Fachpersonal, so dass die Eltern auch mal den Abend alleine verbringen können.

Aktivitäten rund um den Ernstlhof

Der Bayerische Wald, von dem der Ernstlhof umgeben ist, ist für seine kulinarische Vielfalt und Qualität bekannt und das spiegelt sich auch in den Angeboten auf dem Hof wieder. Ob beim „Sengzelten" backen im Holzbackofen oder bei einer Brotzeit mit Produkten vom Hof, hier kann man wieder Ursprünglichkeit erleben. Ein romantisches Bad mit unzähligen Kerzen in freier Natur, im 38 Grad warmen Wasser mit dem Blick auf das Flinsbachtal und die Hausberge, ist eines der Highlights im Angebot. Damit sorgen die Ernstls für Entspannung, wie es kaum ein Wellnesshotel bieten könnte.

Was tun bei schlechtem Wetter?

- FengShui-Kurpark der Sinne
  Im Lallinger Winkel Bayerwald gibt es den FengShui-Kurpark der Sinne, der nach altem Wissen der Lehre angelegt wurde.
  Euschertsfurther Straße, 94551 Lalling , Niederbayern
  Telefon 09920-374

- Nationalpark Bayerischer Wald
  Im Tierfreigelände des Bayerischen Waldes können die Besucher auf einem mehrstündigen Waldspaziergang in großräumigen Gehegen und Volieren heimische Tiere beobachten.

- Glasmanufaktur Freiherr VON POSCHINGER zu Frauenau
  Glas hat Tradition bei der Familie Freiherr von Poschinger. Die Poschingers gehören zu den ältesten Familien in Bayern. 1547 wurde ihnen ein Familienwappen verliehen, das bis zum heutigen Tage geführt wird. Hier beginnt die bis zum heutigen Tage andauernde Geschichte der Poschinger als Glashütten- und Gutsherren im Bayerischen Wald.
  Freiherr von Poschinger Glasmanufaktur
  Moosauhütte 14, 94258 Frauenau
  Telefon 09926-94010, Telefax 09926-940111
  info@poschinger.de

- Pullman City
  Die Westernstadt im Bayerischen Wald versetzt die Besucher zurück in die amerikanische Geschichte, in die Zeit des „Wilden Westens“ anno 1880.
  Ruberting 30, 94535 Eging am See
  Telefon 08544-97490, Telefax 08544-974910
  info@pullmancity.de

- Museumsdorf Bayerischer Wald
  Ein Spaziergang durch das Museumsdorf Bayerischer Wald ist wie eine Reise in die Vergangenheit des Bayerischen Waldes. Hier stehen wunderschöne, alte Bauernhöfe aus dem 17. bis 19. Jahrhundert, alte Kapellen, Mühlen, Sägen und farbenprächtige Bauerngärten.
  Museumsdorf Bayer. Wald
  Am Dreiburgensee, 94104 Tittling
  Museumseingang, Telefon 08504-8482
  Gasthaus Mühlhiasl, Telefon 08504-8334
  Museumsverwaltung, Telefon 08504-40461
  Telefax 08504-40496
  www.museumsdorf.com, info@museumsdorf.com

- Donauradweg
  Der Donauradweg ist einer der bekanntesten Radwege. Er ist in 11 Etappen aufgeteilt. Die 6. Etappe führt von Bogen nach Passau und hat eine Länge von ca. 100 km. Die Streckenführung ist leicht zu bewältigen und somit auch für Kinder geeignet.

Geheimtipp des Bauernhoftesters Gert Schickling:

„Falls Ihnen die Möbel der Ferienwohnungen gefallen, dann können Sie Karlheinz Ernst in der Schreinerei zusehen, wie echtes bayerisches Handwerk funktioniert."

Fiakerhof
in Garmisch-Partenkirchen

Besonders geeignet für anspruchsvolle Genießer und Bergfreunde

Fiakerhof
Familie Erhardt
Badgasse 19
82467 Garmisch-
Partenkirchen
Telefon: 08821-57558
Telefax: 08821-81603
erhardt@fiakerhof.de
www.fiakerhof.de

Gastfreundschaft hat eine jahrhundertealte Tradition in Garmisch-Partenkirchen, ist die Zugspitzregion doch eines der beliebtesten Urlaubsziele in Deutschland.

Der Ort wird geprägt von der Zugspitze, dem höchsten Berg Deutschlands und dem bekanntesten Anziehungspunkt in der Region. Vom Gipfel der Zugspitze aus bietet sich ein atemberaubender Rundumblick in die Alpen. In unmittelbarer Nähe gibt es noch die Partnachklamm, die Wanderer und Naturfreunde anlockt. Mit ihren Wasserfällen und Stromschnellen ist sie eine der beliebtesten Attraktionen – im Sommer wie im Winter. Gerade in der kalten Jahreszeit geht von der 800 Meter langen Schlucht ein ganz besonderer Zauber aus, wenn die Wasserfälle zu Eisformationen gefrieren. In dieser zauberhaften Landschaft, am Rande von Garmisch-Partenkirchen, steht der „Fiakerhof", der, wie sie ihn selbst bezeichnen, Romantikhof der Familie Erhardt.

Appartements und Zimmer

Der Fiakerhof hat sich inzwischen zu einem Gästehaus für gehobene Ansprüche entwickelt und muss sich hinter keinem Wellnesshotel der Region verstecken. Das traditionelle Landhaus in sonniger Lage verfügt über Ferienwohnungen für bis zu 8 Personen. Die Wohnungen sind im Alpinstil mit Naturholz, Loden, Stein und zum Teil mit einem Kamin ausgestattet. Ein Fitnessraum sowie Wellnessbereich und Sauna stehen den Gästen zur Verfügung. Auf Anfrage gibt es auch Massagen und Kosmetikbehandlungen. Den kleinen, romantischen Garten dürfen die Gäste ebenso nutzen wie die Sonnenterrasse, den Pavillon oder den Teich. Auf Wunsch gibt es in der gemütlichen Bauernstube ein Frühstück, ansonsten bringt der Brötchenservice die Semmeln bis zur Wohnungstür.

Der Fiakerhof hat 9 Ferienwohnungen mit bis zu 5 Sternen. Eine der schönsten Wohnungen ist die Ferienwohnung „Himmelreich“ für 4 Personen, 4 weitere Couchbetten sind möglich. In dem großzügigen Wohnraum mit 97 qm gibt es einen Essplatz für bis zu 8 Personen, eine Küchenzeile, eine Couchgruppe und Platz zum Spielen. Damit bei einer Vollbelegung niemand vor dem Bad warten muss, gibt es zwei Bäder, und damit es auf dem Balkon nicht eng wird, auch zwei Balkone. Der Blick vom Balkon geht zum Schachen und zur Dreitorspitze, dem Wahrzeichen von Partenkirchen. Flatscreen mit HD gibt es sowohl im Wohnraum als auch im Schlafzimmer. Der Parkplatz im Hof gehört zur Wohnung, die ihren Namen „Himmelreich“ verdient, dazu. Für die Kleinsten hält der Fiakerhof Babybetten und Kinderhochstühle bereit. Außerdem eine Kinderkraxe für Bergtouren. Im Spieleschrank finden die Gäste Unterhaltungsspiele für die Kleinen. Für die Allerkleinsten gibt es Krabbeldecken und Töpfchen. Eine Kinderbetreuung ist übers Kinderbüro Garmisch-Partenkirchen buchbar, Telefon 08821-798025, damit die Eltern abends das Kulturangebot in Garmisch-Partenkirchen und Umgebung wahrnehmen können.

Die Sauna ist im Preis inbegriffen. Kuschelige Saunamäntel und Saunatücher liegen in der Ferienwohnung für die Gäste bereit. Der Fiakerhof hat eine Rezeption für die Gäste eingerichtet, damit rund um die Uhr ein Ansprechpartner für die Gäste da ist. So kann man einfach an der Rezeption die gewünschte Saunazeit bestellen, damit man die Sauna und den Ruheraum ganz privat nutzen kann! Im Massage- und Kosmetikraum bietet der Fiakerhof erstklassige Massagen. Im Angebot stehen die Hot Stone Massage, eine Klangschalentherapie, eine manuelle Fußdruckpunktmassage, eine Aromaöl-Ganzkörpermassage oder eine Aromaöl-Teilmassage für Rücken und Beine oder den Nacken.

Auf dem Fiakerhof kann man sich mit einem reichhaltigen Frühstück verwöhnen lassen: So gibt es Bauernbutter, Quark und Joghurt aus den heimischen Ammertaler Alpen, Käse aus der Schaukäserei Ettal, Wurst und Schinken aus dem Hofladen „Jochala“ in Partenkirchen. Die Gastgeber legen viel Wert auf frische Kräuter! Wenn es die Jahreszeit zulässt am liebsten aus dem Fiakerhof-Garten. Der Bärlauch-Frischkäse ist eine echte Delikatesse! Die Müslibar bietet eine reiche Auswahl verschiedener Müslivarianten, sowie frisch gemahlene Körner und getrocknete Früchte. Dazu werden gerührter Joghurt, Quarkspeisen und Obstsalat serviert.

Aktivitäten rund um den Fiakerhof

Obwohl der Fiakerhof kein klassischer Bauernhof mehr ist, sondern sich dem Wohl der Gäste verschrieben hat, gibt es noch Tiere auf dem Hof – die Pferde. Mit diesen Pferdegespannen kann man eine romantische Kutschfahrt durch die traumhafte Berglandschaft machen oder durch die alten Gässchen von Partenkirchen fahren. Im Winter fahren die Gäste, warm eingepackt in Schafffelle, begleitet vom Kingeln der Glöckchen, im Schlitten durch die verschneite Landschaft. Beim Zwischenstopp gibt es heißen Glühwein und wer dann noch frieren sollte, für den geht es zurück nach Garmisch-Partenkirchen. Die Umgebung bietet ein umfangreiches Kinderprogramm, bei dem Ihre Kleinen gut betreut und viel Spaß haben werden. So gibt es Kletterkurse, Höhlenwanderungen, Bergcamps und einen Hochseilgarten. Kinderskikurse mit Zauberteppich, Kinderkochkurse und Bastelnachmittage. An der Rezeption hilft man den Gästen gerne, das richtige Programm zu finden.

Garmisch-Partenkirchen bietet Wandermöglichkeiten auf allen Höhenlagen. Es gibt Panoramawege in Ortshöhe, Stundenwanderungen zu verschiedenen Berghütten und Almen, Bergtouren auf umliegende Aussichtsgipfel, Klettersteige im Alpspitzgebiet und naturkundliche Wanderungen. Der Fiakerhof bietet den Feriengästen eine Kultur-Tour an. Ein Shuttleservice bringt die Wanderer nach Elmau, von dort geht es eineinhalb Stunden hinauf bis zur Wettersteinalm und dann noch einmal eineinhalb Stunden bis zum Schachenhaus. Es folgt eine Besichtigung des Jagdschlosses von König Ludwig und anschließend die Übernachtung im Schachenhaus. Am nächsten Tag gibt es den Abstieg vom Schachen durch die Partnachklamm zum Fiakerhof.

Damit die Urlauber gut ausgerüstet sind, stellt der Hof die Leih-Rucksäcke, Teleskopstöcke und eine Regenausrüstung. Sollte die Wanderausrüstung nass werden, gibt es auf dem Hof einen Trockenraum. An der Rezeption sind die gängigen Wanderkarten der Region erhältlich und man bekommt gerne Tipps zu Ausflugszielen, die bei den Einheimischen noch als „Geheimtipps" gelten.

Auch für Mountainbiker gibt es unzählige Strecken, die geordnet nach Schwierigkeitsgraden in den Rad-Karten eingezeichnet sind. Die Mitarbeiter des Fiakerhofes erarbeiten täglich Tourenvorschläge. Für Ihre Einkäufe und Erkundungsfahrten gibt es zwei City-Räder für die Gäste. Der nächste MTB-Verleih bietet Bikes aller Art und ist nur 300 Meter entfernt. Für mitgebrachte Räder stellt der Hof eine absperrbare Garage zur Verfügung. Außerdem wurde im Hof ein Abspritzplatz zum Säubern der Mountainbikes und Fahrräder hergerichtet.

Die nahe Bergwelt bietet unzählige Ausflugsmöglichkeiten. Ein Besuch des AlpspiX ist nur etwas für Schwindelfreie.

Zwei 13 Meter lange Stahlarme ragen ins Nichts und geben den Blick auf den Abgrund frei – 1.000 Meter tief ins Höllental. Erreichbar ist der AlpspiX am leichtesten über die Alpspitzbahn.

Was tun bei schlechtem Wetter?

- Aschenbrenner Museum Garmisch
  Porzellan, Puppen und eine der schönsten Krippensammlungen beherbergt das Museum Aschenbrenner.
  Loisachstraßse 44, 82467 Garmisch
  Telefon 08821-7303105, Di. bis So. 11-17 Uhr
  www.museum-aschenbrenner.de

- Bauerntheater Partenkirchen
  Nur für Geübte in der bayerischen Sprache ist das Partenkirchener Bauerntheater: Typisch bayerische Schwänke und humorige Geschichten in uriger Atmosphäre.
  Ludwigstraße 45, 82467 Partenkirchen,
  Telefon 08821-51956, www.partenkirchner-bauerntheater.de

- Literaturspaziergang
  Wandeln Sie in Garmisch auf den Spuren der Künstler, die sich hier niedergelassen hatten. 1908 ließ sich Richard Strauss vom Erlös seiner Oper „Salome" in Garmisch eine Villa erbauen, die zwar heute in Privatbesitz ist, die man aber von außen besichtigen kann. Nach dem Ersten Weltkrieg erlebte Garmisch eine sehr mondäne Phase. Literaten wie Erich Kästner oder Lion Feuchtwanger, dessen Schlüsselroman „Erfolg" in München und Garmisch-Partenkirchen spielt, wohnten, feierten und arbeiteten in den Hotels und Künstlerpensionen. Nähere Informationen bekommen Sie

über den „Kultursommer“. Im nahe gelegenen Schloss Ellmau finden regelmäßig Kulturveranstaltungen statt.
KULTurSOMMER Garmisch-Partenkirchen
cultus production gmbh, Florian Zwipf-Zaharia
Hochstiftstr. 9a, 87629 Füssen, Telefon 0172-3926822
florianzwipf@aol.com, www.kultursommer-gapa.de

- Besichtigung der Sprungschanze
  Wie der Schaft eines futuristischen Messers sieht die 2007 erbaute Sprungschanze im Olympia-Skistadion aus. Einen schwindelerregenden Nervenkitzel erlebt man bei der Besichtigung.
  Olympia-Skistadion
  Karl- u. Martin-Neuner-Platz, 82467 Partenkirchen
  Anmeldung: jeweils bis zum Vortag 15 Uhr,
  Telefon 08821-180700

Geheimtipp des Bauernhoftesters Gert Schickling:

„Die Familie bot mir an, den Kutschführerschein zu machen. Ich wollte ihn machen und hatte dann zu großen Respekt vor den zwei PS. Ich habe gekniffen – vielleicht haben Sie mehr Mut.“

Der Frongahof
im Bayerischen Wald

Besonders geeignet für Genießer

Frongahof
Birgit und Max Eckerl
Böhmzwiesel 1
94065 Waldkirchen
Telefon 08581-642
Telefax 08581-989286
info@frongahof.de
www.frongahof.de

Das Städtchen Waldkirchen mit etwas mehr als 10.000 Einwohnern ist eine der östlichsten Städte in Bayern und damit nahe der tschechischen Grenze. Es liegt am „Goldenen Steig", der einen aus mehreren Pfaden entstandenen Handelsweg beschreibt, die im Mittelalter Böhmen mit der Donau verbanden. Die berühmteste Bewohnerin des Städtchens war die Volksdichterin Emerenz Meier (1874-1928), die hier bis zu ihrer Emigration nach Chicago wirkte und den Bayerischen Wald zum Mittelpunkt ihrer Erzählungen machte.

Bei Waldkirchen, in dem kleinen Ort Böhmzwiesel, liegt der Frongahof der Familie Eckerl. Der Hof feierte im Jahr 2014 ein besonderes Jubiläum: „50 Jahre Ferien auf dem Bauernhof". So lange gibt es auf dem Hof schon Zimmer für Fremde. Die Herzlichkeit der Familie hatte sich früh herumgesprochen und so kommen viele Gäste seit Jahren nach Böhmzwiesel.

Gaststube

Bäuerin Birgit Süß-Eckerl ist eine moderne Bäuerin. Sie hat sich zur Landerlebnisführerin ausbilden lassen und bringt ihren Gästen die Schönheit des Bayerischen Waldes in Seminaren, Tagesausflügen und Kreativworkshops näher. Der traditionelle Bauernhof, Gastfreundschaft und eine moderne Erlebnispädagogik verbinden sich hier zu einem einmaligen Urlaubserlebnis. Die Gäste werden auf dem Hof auch kulinarisch bestens versorgt, weil der familieneigene Landgasthof Eckerl unmittelbar an den Hof angrenzt. Mit seiner leckeren regionalen Küche ist er weithin bekannt.

Appartements und Zimmer

Der Frongahof verfügt über moderne mit 4 und 5 Sternen ausgezeichnete Ferienwohnungen. Das Preis-Leistungsverhältnis ist auf dem Frongahof hervorragend. Die geräumige 5-Sterne-Ferienwohnung „Sonnenblume" bietet auf 70 Quadratmetern Platz für bis zu 4 Personen, wobei Kinderbettchen immer zustellbar sind. In der Wohnküche gibt es neben einer gemütlichen Sitzecke eine vollausgestattete Küchenzeile mit Spülmaschine, Mikrowelle und einer sehr modernen Ausstattung. Vom Balkon aus

Wellnessbereich

haben die Gäste einen Blick ins Grüne oder auf den Hof. Das gesunde Leben ist der Familie wichtig: „Wir haben nur heimische Hölzer von erfahrenen Schreinern aus der Region zu Möbelstücken verarbeiten lassen. Die Rückbesinnung auf das Einfache schafft Geborgenheit.“

Familie Eckerl verwöhnt die Gäste mit weiteren Angeboten. Rundum wohlfühlen lässt es sich in dem kleinen Wellnessbereich. Die Gäste können sich bei einem Blockbohlensaunagang mit Farblichttherapie und duftenden Aromen entspannen. Im Saunaraum ist eine Kneippausrüstung mit Arm- und Fußbadevorrichtungen, Kneippgüsse und einer integrierten Regen- und Schwallbrause. Ein professionelles Spa-Team bietet Wohlfühlmassagen. Birgit Süß-Eckerl weiß, was ihre Gäste wünschen: „Wer nach einer ausgiebigen Wanderung im Bayerischen Wald auf den Hof zurückkommt, der fühlt sich nach unseren Behandlungen rundum erholt und hat ein ganz neues Körpergefühl. Wir bieten zum Beispiel eine indische Ölmassage an. Eine entgiftende Ganzkörpermassage mit warmem ayurvedischem Sesamöl, die harmonisierend und stoffwechselanregend wirkt. Die langen Bewegungen, die an den Gelenken kreisförmig werden, stimulieren den Energiefluss im Körper. Das ist unglaublich entspannend."

Zur Entspannung gibt es noch einen Ruheraum mit Gesundheitsliegen. Bei schönem Wetter kann man sich auf dem Frongahof im Garten eine ruhige Nische suchen und im Liegestuhl mit einem Buch entspannen. Ein Barfußpfad sensibilisiert die Fußsohlen und lässt einen die Natur unmittelbar erspüren. Neben der normalen Landwirtschaft mit Tieren, einem Kräutergarten, für den die Bäuerin einen Kräuterkundekurs gibt, ist der Mittelpunkt des Hofes der Landgasthof. Hier können Feriengäste auch zu Familienfeiern einladen. So eignet sich das Kaminzimmer für Feiern mit bis zu 36 Personen. In der Frongastube lädt das romantische Kaminfeuer und ein Candle-Light-Dinner zum romantischen Abend zu zweit ein und im Kinderspielzimmer „Traumland" dürfen die kleinen Gäste toben und spielen und sie können dort sogar ihren Geburtstag feiern. Kuchen und Kinderessen kommen aus der Landgasthofküche.

Aktivitäten rund um den Frongahof

„Unseren Gästen empfehlen wir, sich auf den ‚Woid' einzulassen. Und schon spürt man die Ruhe, atmet die gute Luft und ist ein Stück weit angekommen", so beschreibt Familie Eckerl den Erholungswert ihres Ferienhofes. So kann man direkt vom Hof weg grenzenlos wandern auf dem „Grünen Dach Europas", dem größten zusammenhängenden Waldgebirge Mitteleuropas. Gut markierte Wanderwege führen in die wunderbare Bergwelt des Bayerischen Waldes. Bergtouren auf den Rachel, Lusen, Arber oder Dreisessel fordern auch Wanderer mit guter Ausdauer heraus. Wer es sich einfacher machen möchte, der benutzt den Sessellift und wird mit einer grandiosen Aussicht über ein Meer von Bäumen belohnt.

Der Frongahof bietet spezielle Kräuterwanderungen an. Die ausgebildete Kräuterpädagogin weiß: „Jeder sieht die Kräuter – keiner kennt sie. Das vermeintliche Unkraut ist in Wirklichkeit äußerst schmackhaft und gesund. Die gesammelten Schätze der Natur bereite ich gemeinsam mit den Gästen zu: Brotaufstriche aus Spitzwegerich, Giersch und Knoblauchrauke, Wildkräuteressig, Rosenmarmelade und Gundermanneis. Das sind unsere Delikatessen vom Wegesrand."

Radfahrern bieten Waldkirchen und die Dreiländerregion abwechslungsreiche Radtouren, die wunderschöne Einblicke in die Natur des Bayerischen Waldes ermöglichen. Einer der bekanntesten Radwege ist der Adalbert-Stifter-Radweg in Waldkirchen, der auch für Familien geeignet ist.

Golfen kann man in der herrlich unberührten Natur des Bayerischen Waldes auf den Golfplätzen in Waldkirchen-Dorn und Poppenreut, die auch Anfänger willkommen hei-

Liegewiese

ßen. Wer den Adrenalinkick sucht und schwindelnde Höhen nicht scheut, der kann im Klettergarten Waldkirchen seine Kletterkünste trainieren.

Die größte Attraktion im Bayerischen Wald ist natürlich das Tier-Freigelände Nationalpark Bayerischer Wald. Dort können die Besucher auf einem mehrstündigen Waldspaziergang in großräumigen Gehegen heimische Tiere beobachten, wie z.B. Fischotter, Käuze, Wildkatze, Luchs, Uhu, Wolf, Braunbären und ihre Lebensweise und ökologische Bedeutung im Bergwald kennenlernen. Auch ein Ausflug in die Dreiflüssestadt Passau lässt sich vom Frongahof aus leicht machen. Dort kann man den Dom mit der größten Kirchenorgel der Welt besuchen oder eine Dreiflüsserundfahrt unternehmen.

Selbst im Winter kann man auf dem Frongahof ideal Urlaub machen. Die familienfreundlichen Skigebiete findet man gleich in der Nähe. Wie in Mitterfirmiansreut, im Skigebiet Hochficht, am Dreisessel oder am Oberfrauenwald. Der Bayerische Wald mit seinen Höhenzügen bietet ein herrliches Terrain für Schneeschuhtouren. Skilangläufer können in einer auf zahlreichen, bestens präparierten Loipen gemütlich ihre Bahnen ziehen. Und wer sich danach wieder aufwärmen möchte, kann sich im Wellnessbereich auf dem Frongahof wieder entspannen.

Was tun bei schlechtem Wetter?

- Museum „Born in Schiefweg“
  Im Geburtshaus der Dichterin Emerenz Meier wurde das erste Auswanderermuseum errichtet, das die Geschichte der Auswanderung aus dem Bayer- und Böhmerwald nach Amerika im 19. und beginnenden 20. Jahrhundert doku-

mentiert. Gleichzeitig wird Emerenz Meiers Leben als bayerische Schriftstellerin in Chicago in Bildern und Texten gezeigt.
Kontakt und Öffnungszeiten: „Born in Schiefweg"
Dorfplatz 9, 94065 Waldkirchen, Telefon 08581-989190
emerenz.meier@web.de
Öffnungszeiten: Mi. bis So. 11.00 bis 20.00 Uhr
(genaue Öffnungszeiten vom Wirtshaus finden Sie unter: www.wirtshaus-zur-emerenz.de)

- Dom St. Stephan und die größte Domorgel der Welt
  Der prunkvolle Dom steht am höchsten Punkt der Passauer Altstadt. Nach dem verheerenden Stadtbrand im Jahre 1662, als er fast völlig abgebrannt war, fand der Dom in dem berühmten Architekten C. Lurago seine Wiederauferstehung. Die größte Domorgel der Welt mit 17.974 Pfeifen und 233 Register erklingt beim Gottesdienst und bei Orgelkonzerten, die regelmäßig stattfinden.
  Dom St. Stephan, Residenzplatz 8, 94032 Passau
  Telefon 0851-3930

Geheimtipp des Bauernhoftesters Gert Schickling:

„Falls Sie im August auf dem Hof sind: Verpassen Sie nicht den legendären ‚Sternschnuppenregen' im Bayerischen Wald. Zu dieser Zeit kann man die Sternschnuppen besonders gut sehen."

Der Huber-Hof
im Chiemgau

Besonders geeignet für aktive Familien

Der Huber-Hof
Familie Gramsamer
Ollerding 2
84529 Tittmoning
Telefon 08683-7862
Telefax 08683-891760
info@huber-hof.de
www.huber-hof.de

Der Huber-Hof liegt im Chiemgau, genauer gesagt in Ollerding. Der familienfreundliche Huber-Hof ist ein Biobauernhof in sonniger, ruhiger Waldrandlage, inmitten der beeindruckenden Welt des Chiemgaus – 5 km südwestlich von Tittmoning an der Salzach, 18 km südlich von Burghausen und 28 km nordöstlich von Traunstein. Familie Gramsamer bewirtschaftet den Hof und unterhält Ackerbau, Obstanbau und hält Kühe, Kälber und Schweine nach biologischen Richtlinien. Zum Hof gehört außerdem ein 25 Hektar großer Wald. Für seine Feriengäste garantiert der Hof: Spiel, Spaß und Erholung für jedes Alter.

Appartements, Zimmer und hofeigener Campingplatz

Die liebevoll eingerichteten und rauchfreien Ferienwohnungen sowie das Ferienhaus – jeweils mit überdachter Terrasse oder Balkon – sind vom DTV mit 3 oder 4 Sternen ausge-

zeichnet worden. Die neun Wohnungen sind mit Holz und freundlichen Farbtönen gemütlich und hell eingerichtet. Jede Wohnung hat eine hochwertige Küchenausstattung mit Kaffeemaschine, Wasserkocher, Kühlschrank und Spülmaschine. Ein Wäschepaket mit Bettwäsche und Handtüchern und die Endreinigung der Wohnung sind im Service inbegriffen. Für Babys und Kleinkinder gibt es ein Reisebett und einen Hochstuhl und Kindersicherungen in allen Appartements. Die Ferienwohnung „Sonnenstube" bietet mit 90 Quadratmetern Platz für 4-6 Personen und einen schönen

Pool

Spielplatz

Balkon zum Sitzen mit Panoramablick auf das wunderschöne Chiemgau.

Die Extras der Wohnungen sind ein Brötchen- und Getränkeservice, ein kostenloser Liegestuhlverleih, Grillplatz, Lagerfeuerstelle, Holzofen zum Pizza- und Brotbacken, gemütliche Aufenthaltsräume, eine Sauna und eine Infrarot-Kabine. Auf dem Wiesengelände des Huber-Hofes mit sonnigen und schattigen Plätzen stehen genügend Stellplätze zur Verfügung, auf denen Feriengäste mit Wohnwagen, Wohnmobil oder Zelt anreisen können. Im Bauernhofcamping ist die Benutzung der gesamten Hofanlage inklusive. Stromanschluss und Wasserzapfstelle sind vorhanden. Warmduschen sind im Preis enthalten.

Aktivitäten rund um den Huber-Hof

Der Huber-Hof bietet seinen kleinen Gästen jede Menge Bewegung. Auf dem Spielplatz dürfen sich die Kleinen in einem riesigen Sandkasten mit Klettertürmen, auf einer Rutsche, beim Schaukeln und auf einer Strohhüpfburg austoben. Für die Großen gibt es Tischtennisplatten, einen ruhigen Garten mit verschiedenen Sitzgruppen und lauschigen Plätzchen, wohin man sich zurückziehen kann, um ein Buch zu lesen oder einfach nur seinen Gedanken nachzuhängen.

An Wassersportler ist auch gedacht: Im hofeigenen Freibad kann man sich an sonnigen Tagen wunderbar erfrischen und ein paar Bahnen ziehen. Ein Kneippbad bringt den Kreislauf in Schwung und auf einem Trimmrad können Gäste sich konditionell fit machen.

Geselligkeit ohne Dauerbespaßung, das ist ein wichtiger Punkt auf dem Huber-Hof. Am Abend gibt es gemeinsame Pizza- und Grillabende mit Produkten vom Biohof und wer möchte, kann noch eine Runde Billard spielen.

Tierfreunde kommen selbstverständlich auch nicht zu kurz, denn neben Kühen, Ziegen, Schafen und Hühnern gibt es Häschen, die so niedlich sind, dass beim Abschied der Ferienkinder immer der Wunsch besteht, doch eines mit nach Hause zu nehmen.

Was tun bei schlechtem Wetter?

Das Chiemgau ist für sein exzellentes Freizeit- und Kulturprogramm bekannt.

- Tittmoning
  Ein Ausflug in das Stadtzentrum von Tittmoning lohnt sich. Die kleine Salzachstadt hat eine imposante Burganlage aus dem 13. Jahrhundert, kleine Geschäfte zum Bummeln und eine sehr gute Gastronomie.

- Gerbereimuseum: In der Burg Tittmoning
  Das Gewerbe der Gerber hat eine lange Tradition im Chiemgau. Schon im Mittelalter waren mehrere Handwerker auf die Herstellung von Leder spezialisiert. Eine umfangreiche

Sammlung aus der Rotgerberei der Tittmoninger Familie Wandinger (1878-1953) ist der Mittelpunkt des Gerbereimuseums.

Infos über: Tourist-Information
Stadtplatz 1, 84529 Tittmoning
Telefon 08683-700710, Telefax 08683-700730
tourist-info@tittmoning.de

Geheimtipp des Bauernhoftesters Gert Schickling:

„Vom Balkon der Ferienwohnung aus haben Sie einen wundervollen Blick auf den Waldrand und aufs freie Feld. In der Abenddämmerung lassen sich Rehe, Hasen und Füchse beobachten. Vergessen Sie Ihre Kamera und Ihr Teleobjektiv nicht!"

Der Huberhof

an der Alz im Chiemgau

Besonders geeignet für Naturliebhaber und Wassersportler

Der Huberhof
Niesgau 5
83376 Truchtlaching
Telefon 08667-925
Telefax 08667-8848816
info@huberhof-niesgau.de
www.huberhof-niesgau.de

Der Huberhof liegt in einer traumhaften Einzellage im schönen Chiemgau, genauer gesagt an der Alz, einem Chiemseefluss, der im „bayerischen Meer“ mündet. Der Huberhof hat einen eigenen Badestrand, dafür aber keine öffentlichen Straßen in der Nähe, was dafür sorgt, dass man absolut ungestört ist und Kinder unbeschwert herumrennen können. Der Komfort auf dem Huberhof ist von allerhöchstem Niveau, weshalb der Hof 2011 den begehrten Titel „DLG Ferienhof des Jahres“ verliehen bekam. Und in den letzten Jahren hat sich Familie Reitmaier das Ziel gesetzt, die eigenen Ansprüche noch zu übertreffen. Der voll bewirtschaftete Hof ist besonders für Familien geeignet, da die Kinder überall auf dem Hof Neues entdecken und die Eltern zur Ruhe kommen können.

Appartements und Zimmer

Der mehrfach prämierte Huberhof hat einen alten Bauernhof, einen Neubau und im Nebenhaus sechs 5-Sterne-Ferienwohnungen und zwei 4-Sterne-Ferienwohnungen sowie eine nahe gelegene Almütte mit Platz für bis zu vier Personen. Die Wohnungen sind so luxuriös im oberbayerischen Chaletstil eingerichtet, dass der Huberhof den Vergleich mit einigen Luxushotels am Chiemsee nicht scheuen muss. Das Schmuckstück des Hofes ist bestimmt die 5-Sterne Ferienwohnung „zum Juchhe“. Die Wohnung im zweiten Stock ist sagenhafte 170 Quadratmeter groß und von der Inneneinrichtung her etwas ganz Besonderes. Ein großes offenes Wohnzimmer ist der Mittelpunkt der Wohnung, in der Wohnküche mit dem offenen Dachstuhl können die Gäste gemütlich sitzen, essen oder feiern. Die drei getrennten Schlafzimmer bieten Platz für 6 Personen und auf dem Ostbalkon kann man wunderbar die

Morgensonne genießen. Das Wellnessbad hat sogar eine eigene finnische Sauna mit Ruheraum. Mehr Luxus geht kaum.

Der Huberhof ist perfekt auf Kinder und Babys eingestellt. Das Kinderzimmer ist ausgestattet mit Stockbetten und auf Wunsch mit einem Babybett, einem Kinderschemel, einer kleinen Garderobe und einem Nachtlicht, damit die Kleinen sich auch im Dunkeln zurechtfinden. In der Küche sind bruchsichere Becher für die Kleinen, Kinderteller und ein Kinderbesteck. In der Dusche sorgen Antirutscheinlagen dafür, dass weder die Kleinen noch die Großen ausrutschen. Insgesamt wird kaum ein Gast sagen können, dass er es zu Hause schöner hat.

Ein Highlight, das es so auf kaum einem anderen Hof gibt, ist die romantische Almhütte, die 50 Meter entfernt vom Hof am Waldesrand liegt. Mit ihren 45 Quadratmetern ist sie ausreichend groß für eine Familie mit zwei Kindern. Eine große Sonnenterrasse mit Blick auf den Huberhof lädt zum Entspannen und Sonnen ein. In der Hütte muss man auf keinen Komfort verzichten. Es gibt zwei Erwachsenenbetten, eine Kinderkoje auf der Galerie, eine Dusche mit WC, einen Essbereich im oberbayerischen Stil mit Eckbank und eine komplett ausgestattete Küche mit Elektroherd, Backofen, Kühlschrank, Mikrowelle, Kaffeemaschine, Wasserkocher, Eierkocher und Toaster. Selbst eine Stereoanlage gehört zum Inventar und wer im Urlaub nicht darauf verzichten möchte, der kommt jederzeit ins Internet, mit WLAN.

Aktivitäten rund um den Huberhof

Schwimmen und Baden in unmittelbarer Nähe oder Bootfahren auf der Alz gehören zum sommerlichen Standardprogramm. Eine große von Bäumen umsäumte Liegewiese mit gemütlichen Liegestühlen lädt zum entspannten Lesen und Dösen ein. Die Reitmaiers empfehlen eine „gemütliche Alzrunde", mit dem Schlauchboot die direkt am Privatstrand beginnt und ca. 45 Minuten dauert. Wer es lieber etwas sportlicher mag, findet selbstverständlich zwei Paddel an Bord. Und Mutige wagen den Sprung vom „Tarzanbaum" ins erfrischende Nass. Romantik à la Huckleberry Finn mitten im Chiemgau.

Der Huberhof hat natürlich auch Tiere, besonders beliebt bei den Kindern sind die Ponys, die man putzen, streicheln oder reiten kann. Damit nichts passiert, erklären die Reitmaiers den Kindern ganz genau, wie sie sich den Tieren nähern müssen, damit sie nicht erschrecken. Der Hof bietet als Programmpunkt

Hofeigener Badeteich

Fuhrpark für Gästekinder

einen „Ausritt entlang der Alz“. Vorbei an sattgrünen Wiesen kann man gemeinsam mit den Tieren die Landschaft erkunden.

Auch für den Spaß auf Rädern ist auf dem Huberhof gesorgt. Vom Kettcar oder Tretroller über Dreiräder, Kinder-

Kutschfahrt

fahrräder bis hin zu Trettraktoren und Bobbycars gibt es alles, was die kleinen Rennfahrer brauchen, um über die Feldwege zu flitzen.

Wer die Gegend erkunden möchte, zum Beispiel den Chiemsee, macht das am besten mit dem Fahrrad. Fahrradausflüge mit der ganzen Familie rund um den Chiemsee sind sehr beliebt. Senioren nutzen den hiesigen E-Bike-Service und ganz Sportliche machen eine herrliche Mountainbike-Tour ins nahe Gebirge. Familie Reitmaier hilft bei der Planung und Reinhard Reitmaier gibt den Tipp: „Empfehlenswert für Radfahrer aller Könnerstufen, auch Kinder, ist der Chiemsee Uferweg mit seinem traumhaften Ausblick. Zwischendurch auf´s Schiff umsteigen und die Frauen- und Herreninsel samt Kloster und Schloss besuchen!“ Auf dem hofeigenen Grillplatz kann man dann den Abend gemütlich ausklingen lassen.

Wie sämtliche Höfe im Chiemgau ist auch der Huberhof für Wintersportler geeignet. Die nahen Alpen und das Berchtesgadener Land bieten ideale Skibedingungen. Und da Familie Reitmaier selbst an Weihnachten gastfreundlich ist, kann man auch Weihnachten auf dem Huberhof feiern. „Weihnachten erleben mit Kuh, Pony, Ziege und allen anderen Bauernhof-Tieren: Traditionell und naturverbunden feiern wir am Huberhof“, sagen die Reitmaiers.

Was tun bei schlechtem Wetter?

- Heimatmuseum Prien

  Das Museum beherbergt eine bedeutende Sammlung zur Geschichte, Kunstgeschichte und Volkskunde des westlichen Chiemgaus. In für den Chiemgau typischen Zimmern werden regionale Eigenheiten wie das Fischerhandwerk mit dem letzten erhaltenen Einbaum aus der Zeit um 1850 und die Chiemgauer Trachten inklusive dem Priener Hut ausgestellt. Zu sehen sind außerdem Handwerkskunst, ein Biedermeierzimmer, ein Krippenraum und religiöse Volkskunst.

Heimatmuseum Prien
Valdagnoplatz 1 (am Marktplatz), 83209 Prien
Telefon 08051-92710
kunstsammlung@prien.de, www.tourismus.prien.de

- Ausflüge nach Herrenchiemsee, Salzburg oder Berchtesgaden

Geheimtipp des Bauernhoftesters Gert Schickling:

„Als passionierter Schwimmer war ich begeistert von der Wasserqualität der Alz. Der Huberhof ist im Sommer gut gebucht. Reservieren Sie frühzeitig oder überlegen Sie sich, in der Adventszeit zu kommen. Eine traumhafte Zeit im Chiemgau."

Der Kiasnhof
im Chiemgau

Besonders geeignet für Familien mit Kindern

Kiasnhof
Mühldorf 11
83128 Halfing
Telefax 08055-9149
info@beimkiasn.de
www.beimkiasn.de

Die Gemeinde Halfing liegt zentral in der Mitte zwischen Salzburg und München, in unmittelbarer Nähe zum Chiemsee und den bayerischen Alpen. Das Landschaftsschutzgebiet „Halfinger Freimoos", ein Moor- und Seengebiet, ist ein wahres Kleinod mit wertvoller Flora und Fauna. Der Moorlehrpfad lädt Wander- und Naturfreunde zu ausgedehnten Spaziergängen ein. Ein Lehrbienenstand bringt Interessierten die Wunderwelt der Bienen näher.

Mitten in diesem Naturidyll liegt der Kiasnhof der Familie Aicher, oder wie die Einheimischen sagen „Beim Kiasn". Der herrlich gelegene Bauernhof mit Bergblick heißt besonders gerne naturverbundene Familien willkommen.

Appartements und Zimmer

Familie Aicher hat auf ihrem „Kiasnhof" vier hübsche, komfortabel eingerichtete Ferienwohnungen, die Behaglichkeit ausstrahlen. Ferienwohnung „Elisabeth" hat zwei Schlafzimmer,

Kiasnhof vom Garten aus

Appartement Jakobus

eine Wohnküche, ein Bad mit WC und einen schönen Balkon mit einem fantastischen Ausblick. Die Küchenausstattung verfügt über alle modernen Küchengeräte. Im Erdgeschoss ist ein Waschraum mit Waschmaschine und Trockner. Der Hof bietet einen Getränke- und Brötchenservice und wurde von der Berufsgenossenschaft als besonders kinderfreundlicher Bauernhof ausgezeichnet. Für die kleinen Gäste gibt es vom Hof ein Gitterbett oder Reisebett, einen Hochstuhl, eine Wickelauflage, eine Babybadewanne, ein Babyphone, einen Flaschenwärmer, eine Rückentrage oder einen Kinderwagen.

Bauernhof und Wellness sind auf dem „Kiasnhof" eins. Als Besonderheit gibt es eine ausgebildete Fußpflegerin, die die strapazierten Füße der Städter oder müden Wanderer verwöhnt. Die Gäste können sich ein Wellness-Paket mit Fußpflege und Fußzonenreflexmassage buchen oder die Infrarotkabine und den Wellnessraum besuchen.

Auf dem Hof oder in Halfing bieten die Gastgeber außerdem Backkurse an. Man lernt entweder regionale Spezialitäten

Aufenthaltsraum

wie Strudel kennen oder raffinierte Geburtstagstorten, die zuweilen sehr aufwendig sind und fantastisch schmecken. Ideal, wenn man dann auf dem Hof noch einen Kindergeburtstag feiert. Den gestaltet Familie Aicher besonders liebevoll. Ein typischer Kindergeburtstag sieht so aus: Die Geburtstagskinder und ihre Gäste dürfen Tiere streicheln und füttern, am Euter der Plastikkuh Paula das Melken üben, den Bauernhof entdecken, in der Hüpfburg toben oder im Kinderfuhrpark

Pizzabacken

Gewölberaum

mit Traktor, Bagger, Bobbycar oder Seifenkiste ein Rennen veranstalten. Im Sommer ist auch eine Abkühlung im Schwimmbad möglich und im Winter eine kleine Schlittenfahrt.

Am Schluss kann noch eine kleine Brotzeit gebucht werden und jedes Kind bekommt ein Päckchen Bioeier zum Mitnehmen. Hauptsache die Gäste haben Spaß und behalten sich in Erinnerung, was man auf einem Bauernhof so alles erleben kann. Familienfeiern lassen sich auf dem Hof besonders gut organisieren, dafür gibt es einen eigenen Raum, den Gewölberaum, in dem Gäste entspannt bis spät in den Abend essen, trinken und feiern können.

Da Familie Aicher einen Biohof betreibt, legen die Bauersleute viel Wert auf gesunde Produkte, die im hofeigenen Lädchen verkauft werden. Die Eier schmecken hervorragend und die damit gemachten Nudeln sind dottergelb und echt „Bio".

Aktivitäten rund um den Kiasnhof

Für Bewegung ist auf dem Hof gesorgt, denn im Ort gibt es einen Fahrradverleih, bei dem man sich unterschiedliche Fahrräder, vom Mountainbike bis zum Elektrorad, ausleihen kann, um die wunderschöne Landschaft des Chiemgau zu erkunden. Auf Wunsch organisiert Familie Aicher auch Eintrittskarten für Veranstaltungen oder Freizeiteinrichtungen. So kann man vom Hof aus einen Ausflug zum Chiemsee machen, Schiff fahren, das Schloss Herrenchiemsee besuchen oder zum Bergwandern gehen. Die Kampenwand und der Wendelstein sind die Hausberge auf dem Kiasnhof und Familie Aicher kann jederzeit Tipps geben, welche Route geeignet ist. Ein besonderes Erlebnis ist auch der Besuch des

Wildfreizeitparks in Oberreith. Hier kann man gemütlich von Gehege zu Gehege spazieren und dabei die Tierwelt der Alpen kennenlernen. Besonders beliebt ist der große Spielplatz in dem Wildfreizeitpark mit einer Rutsche, einer Bungie-Jumping-Anlage, einem Riesentrampolin und einem Waldseilgarten mit über 60 Aufgaben auf 7 Parcours. Der von Parcours zu Parcours steigende Schwierigkeitsgrad erlaubt es jedem Gast, seine individuelle Grenze zu finden. Bereits Kinder ab dem Grundschulalter finden in dem Waldseilgarten ihr Abenteuer, komplett ausgerüstet mit Gurt und Helm, im separaten Kinderparcours (mit Bobbycar und Wackeltonne). Im neuen schwarzen Parcours wartet nach einem kraftraubenden Aufstieg der Adrenalinschub für die wirklich Unerschrockenen.

Im Park können Kinder ab 12 Jahren und Erwachsene einen Kurs im Bogenschießen absolvieren. Unter Anleitung und mit etwas Kraft und Ausdauer lernen selbst Anfänger an einem Nachmittag, wie man seine Zielgenauigkeit und Treffsicherheit verbessert. Die komplette Ausrüstung wie Pfeile und Bogen und einen Armschutz erhält man im Kurs.

Eine weitere Ausflugsmöglichkeit, die vor allem für die Kleinen zu empfehlen ist, ist der Freizeit- und

Märchenpark im nahe gelegenen Marquartstein. Eine Parkeisenbahn ruckelt entspannt durch den Märchenpark. Wer es etwas schneller mag, der kommt auf der Sommerrodelbahn auf seine Kosten. Auf der Trethochbahn können die Fahrgäste in flottem Schneckentempo, oder ganz gemütlich wie mit der Schneckenpost, dahingondeln und über den Köpfen der Besucher die Aussicht genießen.

Rund um den Kiasnhof gibt es mehrere schöne Badeseen, allen voran der Chiemsee. Und sollte das Wasser einmal zu kalt sein, kann man auch in eines der schönen Schwimmbäder der Umgebung gehen, wie zum Beispiel ins Freizeitzentrum Badria, ins Erlebnisbad Prienavera oder in die Chiemgau Therme in Bad Endorf. Wer gerne einen Stadtbummel macht oder großes Theater besuchen möchte, ist in nur 15 Minuten in Rosenheim oder Wasserburg und in einer knappen Stunde in München oder Salzburg.

„In der Nähe von Wasserburg können sie in Dirnecker´s Hofladen Köstlichkeiten aus der Region erwerben oder in Dirnecker´s Hofcafé Kaffee, hausgemachte Kuchen und Torten oder ein Bauernhofeis genießen“, so die Empfehlung der Familie Aicher, und die müssen es als Backexperten, die für ihre Gäste nur das Beste wollen, wissen.

Was tun bei schlechtem Wetter?

- Schloss Amerang
  Erlebnis und Lernen – das Schlossmuseum bietet einen Einblick in 1000 Jahre bayerische Adelsgeschichte. Die mittelalterliche Rundburg auf dem Hügel, die bereits 1072 als Edelsitz urkundlich erwähnt wurde, ist ein reines Denkmal der verschiedenen Epochen bayerischer Geschichte. Vorab kann man sich erkundigen, ob auf der Burg ein Ritterfest

oder Gartenfest stattfindet. Im Winter lohnt sich der Be-
such der Schloss-Weihnacht.
Das Museum ist von Ostern bis Mitte Oktober Freitag, Samstag, Sonntag und an gesetzlichen Feiertagen geöffnet. Führungen finden um 11.00, 12.00, 14.00, 15.00 und 16.00 Uhr statt.
Schloss Amerang, Schloss 1, 83123 Amerang
Telefon 08075-9192-0, Telefax 08075-9192-33
info@schlossamerang.de, www.schlossamerang.de

- Wasserburg

Wasserburg ist eine der geschichtsträchtigsten Städte Altbayerns, älter als das gut 50 Kilometer westlich gelegene München. Hier blühte der Salzhandel und an der Kreuzung einer der wichtigsten Landstraßen mit der Wasserstraße Inn gelegen, war Wasserburg zudem der bedeutendste Umschlagsort für Waren aus dem Balkan, Österreich und Italien, so dass die Schiffsmeister und Handelsherren dieser Stadt zu Macht und Reichtum gelangten. Ein wunderschönes Ausflugsziel für einen Stadtbummel.

Geheimtipp des Bauernhoftesters Gert Schickling:

„In der Strudelschule auf dem Kiasnhof gelang sogar mir der anspruchsvolle Topfenstrudel. Machen Sie das Strudeldiplom."

Klausenhof am Jura
in Weigersdorf im Naturpark Altmühltal

Besonders geeignet für alleinreisende Kinder und Familien

Klausenhof am Jura
Familie Kremer
Familie Göpfert-Nieberle
Andreasweg 1
85131 Weigersdorf/Pollenfeld
Telefon 08421-6236
klausenhof-am-jura@gmx.de
www.klausenhof-am-jura.
byethost17.com

Der Klausenhof liegt im idyllischen Altmühltal, nur wenige Kilometer von Eichstätt entfernt. Bewirtschaftet wird der traditionsreiche Familienbetrieb, der hauptsächlich von Ackerbau und Viehzucht lebt, von Bäuerin Katharina und Bauer Franz, Altbauer Franz und den zwei Töchtern Karolina und Sabina. Gäste sind jederzeit willkommen und werden wie Familienmitglieder aufgenommen. Die Fürsorge der Familie geht sogar so weit, dass sie alleinreisende Kinder aufnehmen und ihnen so Ferien auf dem Bauernhof ermöglichen. Die Kinder können sich hier auf dem weitläufigen Gelände des Naturpark Altmühltal austoben oder die Kälber, Ziegen, Hasen und Katzen auf dem Hof füttern und streicheln.

Appartements und Zimmer

Für das Ferienhaus hat Familie Göpfert-Nieberle nur Naturmaterialien verwendet und die Zimmer mit Vollholzmöbeln ausgestattet, damit sind die Räume auch für Allergiker

geeignet. Umweltbewusst ist die Familie außerdem: Es wird ausschließlich mit Erd- und Sonnenwärme geheizt.

Als Erlebnis-Kinder-Bauernhof bietet der Klausenhof familiengerechte Ferienwohnungen mit Kinderbetten, Nachtlicht, Hocker am Waschbecken, Babybadewanne, Wickeltisch, WC-Kindersitz, Hochstuhl, Kindergeschirr und -besteck. Die Sicherheit der Kleinen ist auf dem Klausenhof ein wichtiges

Thema, deshalb haben alle Steckdosen Kindersicherungen und die etwas steilen Treppen ein Handlaufseil zum sicheren Besteigen. Das Ferienhaus ist ausgestattet mit Sauna, Spülmaschine, Waschmaschine und Trockner. Wer in den Ferien nicht gerne selbst am Herd steht, kann auf dem Klausenhof auch Halbpension buchen und bekommt dann leckere Hausmannskost im gemeinschaftlichen Jurazimmer. Dort kann man auch Lesen oder Spiele ausleihen.

Das Besondere am Klausenhof ist, dass man in der Ferienwohnung bleiben kann und die Kinder unbedenklich allein im Garten spielen können. Spielkameraden finden sich auf dem Klausenhof immer. Der Spielgarten, mit Rutsche, Schaukeln und Sandkasten, verläuft rund um das Haus und grenzt an eine große Hofwiese, wo Kinder viel Platz zum Toben und Spielen haben, während es sich Eltern auf Liegestühlen bequem machen können.

Aktivitäten rund um den Klausenhof am Jura

Für Kinder bietet der Hof einen Spielplatz, ein Riesentrampolin, eine Tischtennis-Platte, Schaukeln, Spielecken im Heu, Sandkasten und einen hofeigenen Fuhrpark mit Fahrrädern,

Berg-Car, Dreirädern & Co., Basketballkorb und etwas, was für Städter der wahre Luxus sein kann: viel Platz.

„Auch bei Regen muss man auf das Spielen an der frischen Luft nicht verzichten. Unter den großen Vordächern kann man im Sandkasten spielen oder schaukeln. Und im Heu darf man, selbst bei schlechtem Wetter, spielen, ohne nass zu werden“ so die Gastgeber. Wer einmal in die Arbeit eines Bauern schnuppern möchte, kann das auf dem Hof jederzeit machen. Ob im Stall beim Melken, Kühe- und Schweinefüttern oder Kälbertränken mithelfen oder auf einem Traktor mit aufs Feld fahren.

Wer einen gemütlichen Abend am Lagerfeuer verbringen möchte, kann sich über einen schönen naturnahen Lagerfeuerplatz freuen.

Besonders für Pferdefreunde ist der Hof interessant, denn auf dem Klausenhof darf man sein eigenes Pferd mitbringen. Und Bauer Franz kennt die schönsten Wege durch naturbelassene Mischwälder und entlang der Altmühl. „Für die Pferde unserer Gäste stehen großzügige Boxen bereit. Sowohl beim abendlichen Menü als auch beim Frühstücksbuffet mit frischen Eiern und frischer Milch haben Sie Blickkontakt mit Ihrem Pferd auf der Hofwiese." Und für erfahrene Reiter hat er noch einen Tipp: „Reiten Sie am Limes entlang, vorbei an Steinbrüchen für Hobbyarchäologen, besser kann man unsere schöne Umgebung nicht entdecken!"

Interessierten Gästen bietet die Familie „Videofilmkurse für Kinder“ und Ernährungsprogramme. Im nahen Eichstätt kann man auf der Altmühl Boot fahren, im Jura Fossilien sammeln und das historische und kulturelle Leben in Eichstätt entdecken. Die Natur lässt sich mit dem Fahrrad erkunden oder bei einer Waldwanderung. Nordic Walking oder Joggen ist hier ideal, denn die sanften Hügel im Altmühltal sind auch für weniger Trainierte geeignet.

Was tun bei schlechtem Wetter?

- Eichstätter Dom

  Eichstätt – Stadt der Kirchen und Klöster. Eichstätt, ein jahrhundertealter Bischofssitz. Zusammen mit dem Kreuzgang und dem zweischiffigen Mortuarium gehört der Dom zu den bedeutendsten mittelalterlichen Baudenkmälern Bayerns.

- Jura-Museum Eichstätt

  Das Jura-Museum Eichstätt auf der Willibaldsburg hoch über dem Altmühltal ist eines der schönst gelegenen Naturkundemuseen in Deutschland. Der Schwerpunkt der Ausstellung liegt auf den Fossilien der Solnhofener Plattenkalke, die durch die intensive Steinbruchtätigkeit in der Region zutage gefördert werden.
  Jura-Museum, Willibaldsburg
  Burgstraße 19, 85072 Eichstätt
  Telefon 08421-2956, Telefax 08421-89609 (Sekretariat),
  4730 (Kasse, Burgverwaltung), Sekretariat@Jura-Museum.de

- Audi Forum Ingolstadt

  Autoliebhaber können im Museum Mobile kunstvoll restaurierte Old- und Youngtimer besichtigen. Ein Besuch wird

nicht nur zum Rundgang durch die gesamte Geschichte des Automobils, sondern auch zum faszinierenden Rückblick auf das 20. Jahrhundert mit seinen umwälzenden Veränderungen.
museum mobile, Audi Forum Ingolstadt, 85045 Ingolstadt
Telefon 0800-2834444, Telefax 0841-8941860
(aus dem Ausland: +49 (0)841-8937575)

- Neues Schloss, Ingolstadt
  Das Neue Schloss von 1418 beherbergt heute das Bayerische Armeemuseum, eine Ausstellung historischer Waffen, Rüstungen und Zinnfiguren. Das Bayerische Polizeimuseum im Turm Triva am südlichen Donauufer im Klenzepark gehört mit seinen Sammlungen ebenfalls zum Armeemuseum.
  Hausadresse, Neues Schloss
  Paradeplatz 4, 85049 Ingolstadt
  Postadresse, Postfach 21 02 55, 85017 Ingolstadt
  Telefon 0841-93770, Telefax 0841-9377200
  info@armeemuseum.de

Geheimtipp des Bauernhoftesters Gert Schickling:

„Im nahe gelegenen Steinbruch finden Sie versteinerte Schnecken und andere Fossilien. Werden Sie zum Hobbygeologen. Bringen Sie festes Schuhwerk, Hammer, Meißel und Verbandszeug mit."

Der Knoglerhof
im Chiemgau

Besonders geeignet für Abenteurer und Bergfreunde

Knoglerhof
Hans Meier & Anna Conway
Knogl 1
83324 Ruhpolding
Telefon 08663-1559
Telefax 08663-9482
info@knoglerhof.de
www.knoglerhof.de

Der Knoglerhof liegt sehr idyllisch etwas außerhalb von Ruhpolding am Fuße des Rauschberges. Er ist umgeben von blühenden Wiesen, schattigen Wäldern und der faszinierenden Bergwelt der Alpen. In diesem Urlaubsparadies bieten die Gastgeber Urlaub auf dem Bauernhof für die ganze Familie.

Johann Meier Senior hat den Hof von seinem Vater übernommen und vor einigen Jahren an seinen Sohn Hans Meier weitergegeben. Der kümmert sich auf dem Hof um die Landwirtschaft und die 30 Ochsen. Sein ganzer Stolz aber ist der Steinbruch, der sich in unmittelbarer Nähe zum Hof befindet. Bei den Sprengungen hilft die ganze Familie mit. Bäuerin Anna Conway kümmert sich um ihre Kinder, den Streichelzoo und um die Feriengäste. Denen wird auf dem Hof alles geboten, Abenteuer und Entspannung pur.

Knoglerhof

Appartements und Zimmer

Die sechs Ferienwohnungen auf dem Knoglerhof wurden vom Bauernhoftester mit 3-4 Sternen ausgezeichnet. Auf die Gäste warten komfortable, mit viel Holz liebevoll und rustikal eingerichtete Ferienwohnungen für 2-4 Personen. Alle Wohnungen sind mit einem oder zwei Schlafzimmern, einem großen Wohnraum mit ausziehbarem Sofa, einer gemütlichen Wohnküche und einem großzügigen Bad ausgestattet. Ein Balkon mit atemberaubender Sicht auf die Berge gehört dazu.

Zimmer und Hofimpressionen

Aktivitäten rund um den Knoglerhof

Seit Kurzem gibt es einen Streichelzoo auf dem Hof, der Jung und Alt begeistert. Dazu gehören Ziegen, Hasen, Katzen und

Alpakas

Alpakas, eine Kamelart aus den südamerikanischen Anden, mit denen man wunderbar eine Wanderung in die Berge machen kann. Denn die Tiere lassen sich, ähnlich wie ein Hund, an der Leine durch die angrenzenden Wälder und Berge führen. Die edlen Zuchttiere hören auf so exotische Namen wie „Bonito" oder „Shirkan" und sind der ganze Stolz der Bäuerin: „Mich freut es, wenn ich unseren Gästen die Scheu vor den Alpakas nehmen kann, denn sie sind zwar dafür berüchtigt, dass sie zielgenau spucken können wenn man sie ärgert, aber unsere Tiere sind sehr entspannt und zufrieden."

Alpakas

Wer es etwas actionreicher mag, der sollte sich an den Senior Johann Meier halten, denn der betreibt einen eigenen Steinbruch. Hier können die Gäste aus sicherer Entfernung beobachten, wie der Altbauer eine Sprengladung vorbereitet, zündet und riesige Gesteinsbrocken aus dem Steinbruch sprengt. Johann Meier weiß aus Erfahrung: „Das macht meistens den Buben und den Vätern einen Riesenspaß, wenn es mal richtig kracht."

Zum Knoglerhof gehört eine urige Alm, in der man sich als Gast zurückziehen darf, eine zünftige Brotzeit isst und die Aussicht auf das Alpenglühen genießen kann. Ruhpolding ist bekannt für seine hervorragenden Wander- und Klettertouren, die jeden Schwierigkeitsgrad bieten. Auch sonst hat sich die Gemeinde etwas einfallen lassen. Es gibt den sogenannten „Ruhpoldinger eXtra Urlaubspass", mit dieser Gästekarte kann man während seines Aufenthalts die wichtigsten Freizeitbetriebe des Ortes kostenlos benutzen. Dazu gehört die Rauschbergbahn, das Vita Alpina, im Winter die Eisbahn, das Heimatmuseum, das Holzknechtmuseum, Heimatabende, Musikabende, Kurkonzerte, geführte Wanderungen und ein Kinderprogramm. Durch die zahlreichen Skipisten und Loipen ist der Knoglerhof auch für Winterurlauber sehr gut geeignet.

Was tun bei schlechtem Wetter?

- Holzknechtmuseum
  Das Holzknechtmuseum Ruhpolding widmet sich dem Leben und Arbeiten der Holzknechte (Waldarbeiter, Forstwirte) im ehemaligen Salinengebiet Traunstein. Das Freigelände zeigt Holzknechthütten, Inszenierungen zur Holzarbeit und interaktive Stationen.
  Laubau 12, 83324 Ruhpolding, Telefon 08663-639

- Schnauferlstall
  Der Schnauferlstall (Schnauferl = bayerische Bezeichnung für altes Motorrad, Oldtimer) ist Herberge für die Sammlung von 60 Motorrädern aus der Zeit von 1924-1960, die Georg Hollweger selbst zusammengetragen hat.
  Besichtigung nach telefonischer Anmeldung!
  Kontakt: Georg Hollweger
  Bacherwinkl 5, 83324 Ruhpolding, Telefon 08663-9075

Geheimtipp des Bauernhoftesters Gert Schickling:

„Trotz meiner anfänglichen Bedenken, ob Alpakas wirklich auf einen Bauernhof passen, hat mich eine Wanderung mit den Tieren überzeugt. Die Alpakas haben eine beruhigende Wirkung auf jemand, der vielleicht auch mal unter Strom steht."

Ferienhof Kosertal
in Oberfranken

Besonders geeignet für Westernreiter und Blockhütten-Romantiker

Ferienhof Kosertal
Familie Schramm
Urlaub auf dem Bauernhof
Webergasse 10
95352 Marktleugast
Telefon 09255-96189
Telefax 09255-96188
mail@ferienhof-kosertal.de
www.ferienhof-kosertal.de

Das Fichtelgebirge liegt zwischen den Städten Hof und Weiden. Im Westen ist eine gute Verkehrsanbindung zum nahen Bayreuth gegeben. Während der Bergbau heutzutage nur noch von historischem Interesse ist, werden an zahlreichen Orten im Fichtelgebirge noch Glaswaren erzeugt, die man dort auch günstig kaufen kann. International bekannt und deutschlandweit führend ist die Porzellanindustrie, deren Zentrum die Stadt Selb ist. In dieser Kulturlandschaft liegt der kleine Ort Marktleugast und dort der Ferienhof Kosertal.

Auf einer Anhöhe von 550 Metern hat der Feriengast einen unvergleichlich schönen Blick über das Fichtelgebirge im Frankenwald. Bekannt ist die Region außerdem für ihre Bierkultur. Nirgendwo sonst ist die Brauereidichte so hoch. Die umtriebigen Gastgeber Silvia und Ferdinand Schramm haben mit ihrem Bauernhof in Blockhüttenromantik den Wilden Westen nach Ostbayern geholt. Ranchatmosphäre trifft Hüttengaudi.

Appartements und Zimmer

Familie Schramm hat mehrere Einzelhäuser im Blockhüttenstil, die mit 4 Sternen ausgezeichnet wurden. Besonders hübsch ist die Alm Ludwig. Dieses im Alm-Stil liebevoll eingerichtete Ferienhaus wurde in Vollholzbauweise im Jahre 2014 erbaut und bietet auf 80 m² Platz für 4 Personen. Lüftlmalerei und alte Fachwerkkonstruktionen im Innen- und Außenbereich verbinden fränkische Tradition mit spielerischen Verzierungen.

Zur gehobenen Ausstattung gehören eine komplett eingerichtete Einbauküche mit Bar-Tresen, Geschirrspüler sowie ein Elektroherd, eine Mikrowelle und eine Kühl-Gefrier-Kombination.

Das Bad hat eine Dusche mit einer Decke aus Glas. Im Wohnbereich findet sich neben einer Eckcouch mit Schlaffunktion ein SAT-Flachbildfernseher mit Sound System. Ein gemütlicher Abend mit Freunden oder der Familie ist kein

Zimmer

Problem, denn am großen Esstisch aus Echtholz finden bis zu 10 Personen Platz und ein Kaminofen sorgt für urige Gemütlichkeit. Das Haus verfügt über 2 getrennte Schlafräume. Eine Besonderheit für Romantiker bietet der Sternenhimmel aus Leuchtdioden über dem Bett im Elternschlafzimmer. Bei Bedarf kann in diesem Raum auch ein Kinderbett zugestellt werden. Das Kinderschlafzimmer ist mit 2 getrennten Einzelbetten ausgestattet.

Die Alm ist mit einer Terrasse nach Süden hin ausgerichtet und garantiert über den ganzen Tag Sonne. Da die Alm ebenerdig angelegt wurde, ist sie barrierefrei und auch für Gäste geeignet, die keine Treppen steigen können oder wollen.

Aktivitäten rund um den Ferienhof Kosertal

Der Ferienhof Kosertal ist ein Vollerwerbshof und die ganze Familie hilft fleißig zusammen, damit der Stall blitzblank ist und die Felder bestellt sind.

Die Gästekinder können auf dem Ferienhof natürlich einige Tiere entdecken und beobachten: Rinder, Kälber, Pferde, Ponys, Ziegen, Katzen – alles, was zu einem richtigen Bauernhof gehört! In der Scheune gibt es einen Streichelzoo, in dem sich Hasen und Meerschweinchen tummeln. Jedes der Tiere wohnt in kleinen Häuschen inmitten einer „Märchenlandschaft".

Die Kinder dürfen im Heu und auf dem Spielplatz herumtoben, im Baumhaus wohnen, mit dem „Kosertal-Express" eine abenteuerliche Rundfahrt machen. Sie können mit den Eltern am Lagerfeuer Stockbrot backen oder einfach nur Grillen oder im hauseigenen Badeweiher plantschen und Floß fahren. Wer sportlich ist, der kann Trampolin springen, Fußball, Tischtennis, Volleyball und Federball spielen oder am Kicker und Billardtisch die anderen Gäste oder den Hausherrn herausfordern.

Für Wander- und Naturfreunde bietet die Umgebung des Ferienhofes Kosertal unbegrenzte Möglichkeiten. Der neu angelegte „Naturlehrpfad durch das Kosertal" ist auch für ungeübte Wanderer und Spaziergänger ein wahres Erlebnis. Einer der schönsten Wanderwege im Frankenwald, der „Mühlenweg", führt fernab von verkehrsreichen Straßen vorbei an neun ehemaligen Mühlen auf 18 Kilometern durch Wälder und Auen entlang an idyllischen Frankenwaldbächen. Der „Marktleugaster Rundwanderweg" bietet eine schöne Wald- und Wiesenwanderung mit Teichlandschaften, reizvollen Quellen und geringen Höhenunterschieden an. Mit seinen 33 Kilometer ist er als Tageswanderung selbst für geübte Geher eine Herausforderung; aufgeteilt in zwei Tage ist er aber ein Genuss für die vielen Freizeitwanderer. Für Radfahrer besteht die Möglichkeit, eigene E-Bikes zu mieten und die Umgebung zu erkunden.

Unterwegs kann man die katholische Pfarr- und Wallfahrtsbasilika „Maria Heimsuchung" in Marienweiher mit prunkvoller Innenausstattung besichtigen.

Badeweiher

Das größte Glück der Erde finden Reiterfreunde auf jeden Fall auf dem Rücken der Westernponys. Auf den Pferden Camaro, Flori und Chaty kann man den Frankenwald auf ausgedehnten Feld- und Waldwegen erkunden. Erfahrene Reitbetreuerinnen bieten Wanderreiten und Ausritte an. Auf dem Außenreitplatz, der Reitwiese oder dem herrlichen Ausrittgelände ist für jeden Reiter etwas dabei. Reitstunden werden selbstverständlich auch angeboten, sollten aber vorher angemeldet werden.

Entspannung findet man auf dem Ferienhof Kosertal auch am eigenen Badeweiher, einem ehemaligen Steinbruch, der mit Wasser gefüllt wurde und nun als Badesee dient. Auf einem Bootssteg oder auf der Seeterrasse kann man herrliche Sonnenuntergänge und die Ruhe genießen.

Früh zu Bett gehen muss auf dem Ferienhof aber niemand, denn dafür gibt es die Kosertal-Alm, die mit Discoklängen und Partystimmung die Gäste anlockt. Lichtshow und Tanzwettbewerbe lassen eher an Mallorca denken, als an den etwas gemächlichen Frankenwald. Ferdinand Schramm reagiert damit auf die Wünsche seiner Gäste: „Wir haben gemerkt, dass viele zu uns kommen, weil sie die ausgelassene Stimmung mögen und auch gerne Freundschaften mit anderen Gästen schließen. Manche Gäste verabreden sich regelrecht zu ihren Urlauben auf unserem Hof."

Neuerdings kann man auf dem Ferienhof sein eigenes Bier brauen! Ferdinand Schramm gibt einen Einblick in die Braukunst und erklärt Ihnen die einzelnen Schritte beim Brauen. Dank der hauseigenen Braueinrichtung können Sie dann nach Ihrem eigenen Geschmack ein Bier brauen und abfüllen lassen.

Egal ob Pils, Helles, Weißbier, Dunkles oder Bockbier – alles ist möglich. „Viele Gäste nehmen das selbstgebraute Bier

Bar

Wellness

sogar als Mitbringsel nach Hause mit“, weiß Ferdinand Schramm.

Silvia Schramm gönnt ihren Gästen in der Wellness-Oase ein Verwöhnprogramm auf höchstem Niveau, neben einer Ganzkörpermassage mit Mandel- oder Sesamöl gibt es eine entschlackende Bürstenmassage, die die Durchblutung fördert oder eine Schoko-Massage mit Kakaobutter, die die Haut butterweich macht. Ein Bodypeeling mit Citrussalz verfeinert das Hautbild und eine schmerzlindernde Kopfschmerzbehandlung mit japanischem Heilpflanzenöl führt zur Entlastung der Bandscheiben und der Wirbelsäule.

Insgesamt ist so auf dem Ferienhof Kosertal für eine ausgewogene Mischung von Abenteuer, Sport und Entspannung gesorgt.

Was tun bei schlechtem Wetter?

- Bandonionmuseum

  Das Bandonionmuseum umfasst ca. 190 Instrumente. Von Balginstrumenten über Bandonionnotensammlungen bis hin zu Fotos und Figuren können Sie hier alles hautnah besichtigen und sich ausführlich informieren.

Öffnungszeiten:
Besichtigungstermine nach telefonischer Vereinbarung.
Adresse: Herr Karl-Heinz Preuß, Dürrer-Grund-Weg 9,
Telefon 09288-5205

- Flößereimuseum in Marktrodach
  800 Jahre war die Flößerei im Frankenwald wichtigster Erwerbszweig in dieser waldreichen Mittelgebirgslandschaft, die mit ihren kargen Böden und langen Wintern keine ergiebige Landwirtschaft ermöglichte. Ideale Voraussetzungen für die Flößerei gab es durch die Wälder und Flüsse in der Gegend. Das Museum gibt interessante Einblicke in die Geschichte der Flößerei.
  Öffnungszeiten:
  Dienstag bis Samstag, 9:00 bis 11:00 Uhr, 14:00 bis 16:00 Uhr
  Sonntag und Feiertag, 14:00 bis 16:00 Uhr
  und nach Vereinbarung
  Adresse: Marktrodach, Kirchplatz 3,
  Telefon: 09261-60310 Telefax 09261-603150

Geheimtipp des Bauernhoftesters Gert Schickling:

„Lassen Sie sich einfach mal von Ferdinand Schramm auf seinem Floß über den See bringen. Eine echte Gaudi. Ich hoffe, dass er in der Zwischenzeit nicht geübt hat."

Der Moierhof
im Chiemgau

Besonders geeignet für Genießer

Moierhof
Susanne und
Matthias Untermayer
Stöffling 1
83376 Truchtlaching
Telefon 08667-219
Telefax 08667-16286
info@moierhof.de

Truchtlaching im Chiemgau liegt am Chiemsee und ist ein Ortsteil der Gemeinde Seeon-Seebruck in Oberbayern. Die Landschaft um den Chiemsee, der Chiemgau, ist eines der beliebtesten Erholungsgebiete Bayerns. Der landschaftliche Reiz des Chiemsees ergibt sich durch die unmittelbare Nähe der Chiemgauer Berge. Bei Bergsteigern und Wanderern sind vor allem der Hochfelln, der Hochgern, die Hochplatte und die Kampenwand beliebt.

Bekannt ist der See durch seine Inseln: Auf der Fraueninsel befindet sich seit dem Jahr 772 die Abtei Frauenwörth, ein Kloster der Benediktinerinnen. Noch bekannter ist die Herreninsel, auf der zwei Schlösser stehen: Ein Landschaftspark mit dem Alten Schloss, das ein ehemaliges Kloster ist sowie das Neue Schloss Herrenchiemsee des „Märchenkönigs" Ludwig II., das dem Schloss von Versailles nachempfunden ist. Eingebettet in diese Landschaft liegt am nördlichen Ufer des Chiemsees der sehr gepflegte, beinahe herrschaftliche Moierhof der Familie Untermayer.

Appartements und Zimmer

Der Moierhof verfügt über 10 Appartements, die mit 5 Sternen ausgezeichnet wurden. Dass der Hof der Familie insgesamt fünf Mal die Auszeichnung „Ferienhof des Jahres“ verliehen bekommen hat, zeigt, dass der Hof über Jahre Wohnkomfort auf höchstem Niveau bietet. Die Ferienwohnung „Adler“ geht über zwei Stockwerke und bietet mit zwei Balkonen im Osten den Blick in die weite Natur des Chiemgaus und im Süden über den Bauerngarten in Richtung Chiemsee. Der Hof ist traditionell in Vollholz gebaut, bietet aber Dank seiner offenen Bauweise mit Schlafgalerie ein großzügiges, helles Wohngefühl.

Ferienwohnung Adler ***

Die 80 qm Wohnfläche wirken durch den offenen Dachstuhl sehr viel größer und bieten bis zu zwei Erwachsenen und vier Kindern Platz. Die Räume teilen sich auf in ein Elternschlafzimmer mit Ostbalkon, ein Kinderzimmer mit 3 Betten, da-

von ein Etagenbett, alle Betten sind mit hochwertiger Leinen- oder Baumwollbettwäsche bezogen. Das Bad, das mit Handtüchern bestens ausgestattet ist, hat eine Dusche und WC. Außerdem bietet die Wohnung ein separates WC. Hervorzuheben sind die großzügige Wohnraum-Galerie mit Sichtdachstuhl und ein Südbalkon mit wunderschöner Aussicht.

Die komplett ausgestattete Küche mit E-Herd, Kühlschrank, Mikrowelle, Geschirrspüler, Kaffeemaschine, Wasserkocher und Toaster hat eine stilvolle Essecke, an der die ganze Familie sehr viel Platz hat. Auf Wunsch liefert Familie Untermayer morgens Brötchen oder ein Frühstückskörberl aufs Zimmer. Die bequemste und reichhaltigste Variante des Frühstücks ist, dass die Gäste sich an einem üppigen Frühstücksbuffet bedienen dürfen. Dort gibt es Eier und Milch von den hofeigenen Tieren oder Butter, Marmelade und Honig aus regionaler Herstellung. Wurst und Käse von Herstellern aus der Umgebung ergänzen das Angebot perfekt. Das Frühstück wird im Frühstückszimmer, im Aufenthaltsraum oder auf der Terrasse serviert.

Der Moierhof gilt als besonders kinderfreundlich. Das zeigt sich auch bei der Kleinkinderausstattung, die auf Wunsch bereitgestellt wird. Diese reicht vom Hochstuhl über das Kinderbett mit Allergiker-Matratze, bis hin zu Sicherheitsgittern fürs Kinderbett, eine Anti-Rutsch-Matratze für die Dusche, ein Babyphone mit Nachtlicht, eine Krabbeldecke, einen Kinderschemel fürs Waschbecken, eine Baby-Badewanne mit Thermometer, Schwimmflügel, Kindergeschirr, ein Fläschchenwärmer, ein Stabmixer zur Zubereitung von Babykost, eine Baby- oder Kinderkraxe und einen Buggy für Spazierfahrten. So aufmerksam kann eigentlich nur ein Gastgeber sein, der sich wirklich Gedanken um das Wohlergehen seiner Gäste macht. Damit die Eltern sich eine kleine Auszeit nehmen können, bietet der Pfarrverband Seeon-Seebruck-Truchtlaching qualifizierte Babysitter entweder am Tag oder abends an.

Aktivitäten rund um den Moierhof

Auf dem traditionell geführten Bauernhof kann man das Leben und Arbeiten auf dem Land kennenlernen. Das Miteinander von Mensch, Tier und Natur steht hier im Mittelpunkt und die Feriengäste sind herzlich eingeladen, bei allen bäuerlichen Aufgaben dabei zu sein. Zweimal täglich werden die Milchkühe gemolken. Am Abend von 17 bis 18 Uhr können die Kinder beim Füttern der Tiere dabei sein und auch aktiv helfen, beispielsweise bei der Fütterung der kleinen Kälber. Neben der Kälbchen gibt es auf dem Moierhof: Kaninchen, Enten, Ponys, Schafe, Esel und zwei Ziegen, die man den ganzen Tag besuchen und streicheln kann. Von einer Empore aus dürfen die Kinder im Heu direkt über den Tieren übernachten. Die auf dem Moierhof geschlossenen Tierfreundschaften machen den Urlaub für Kinder jeden Alters zu einem echten und unvergesslichen Erlebnis. Auf der Homepage des Moierhofes gibt es einen „Steckbrief" zu jedem Tier. Die Untermayers bieten auf ihrem Reitplatz Reitunterricht bei einer ausgebildeten Reitlehrerin. Bei den Kleinsten oder Anfängern werden die Pferde geführt. Und weil im Pferdestall immer viel

Arbeit wartet, freuen sich die Untermayers, wenn die Kinder die Pferde striegeln, streicheln und putzen. Familiensinn und Gemeinschaftsgefühl wird bei der Bauernfamilie groß geschrieben, das überträgt sich auch auf die Gäste. „Die gemeinsamen Erlebnisse mit den Tieren am Hof, die Ausflüge zur Keltensiedlung und an die Alz schweißen zusammen. Und so entwickeln sich schnell neue Freundschaften, die oft über Jahre gepflegt werden und vielleicht ein Leben lang halten", sagt Bäuerin Susanne Untermayer.

Die kleineren Gästekinder freuen sich über einen Besuch im Märchenpark Ruhpolding, der geheimnisvoll und spannend ist. Mitten im romantischen Bergwald findet man Märchenfiguren, Dinosaurier und vieles mehr. Unterhaltung ist garantiert: Auf dem Rücken eines riesigen Drachen, im freien Fall in der Höllenrutsche im Rutschenparadies oder beim Kraxln in der Kletterspielanlage Robinson.

Eine Besonderheit auf dem Moierhof sind die Kurse zum bäuerlichen Leben, wie zum Beispiel „Vom Korn zum Brot". Gemeinsam wird das Getreide aus der Scheune geholt, ge-

mahlen, zum Teig geknetet, mit Sonnenblumen- oder Kürbiskernen verfeinert und verziert. Mit Zahnstochern wird ein Namensschild in das Brot gesteckt. Anschließend wird es gebacken. Entweder im Holzbackofen oder als Stockbrot über dem offenen Feuer. Sobald das Brot ausgekühlt ist, wird es mit Butter bestrichen und frisch gegessen.

Nach dieser zünftigen Brotzeit lässt es sich am besten im Garten entspannen und es gibt viele Möglichkeiten, sich auf dem Moierhof wohlzufühlen. Man kann im Liegestuhl die Sonne genießen, in Ruhe ein Buch lesen oder einfach nur nichts tun. Wenige Schritte vom Hof entfernt fließt die Alz gemächlich dem Inn entgegen. Mit einem liebevoll gepackten Picknickkorb kann man die wunderschöne Landschaft genießen, bis es zurückgeht zum Kaffeetisch am Nachmittag. In gemütlicher Runde sitzen die Gäste unter der blühenden Pergola zusammen, trinken gemütlich Kaffee, lassen sich mit selbst gebackenem Kuchen verwöhnen, unterhalten sich und entspannen.

Die perfekten Wohlfühlmomente gibt es bei einer Massage auf dem Moierhof. Auf Bestellung kommt ein professioneller Masseur auf den Hof, der dafür sorgt, dass Muskelverspannungen und Rückenprobleme behoben werden.

Für Wassersportfreunde unter den Gästen ist das Chiemgau ein Paradies. Die Chiemsee-Segelschule bietet Kurse für Erwachsene und Kinderkurse für 7-13-Jährige an. Unter der Leitung von Barbara und Franz Huber lernen Anfänger und Fortgeschrittene über das „bayerische Meer" zu segeln. Mit etwas Durchhaltevermögen sind manche Gäste schon mit einem Segelschein in der Tasche nach Hause gefahren. Auf der Westseite des Chiemsees, genauer gesagt in Gstadt, ist das Chiemsee-Surfcenter mit Schnupperkursen für Windsurfer und Stand up Paddling, eine besonders angenehme Form des Surfsports.

Ganz in der Nähe des Moierhofes befindet sich der Kletterwald Prien, der eine Herausforderung für die ganze Familie darstellt. Zehn Parcours, zwei Einsteiger-Parcours und acht Parcours mit Namen wie z.B. Piraten-Parcours oder Shaolin-Parcours garantieren Abwechslung. Eine Alternative ist der Hochseilgarten Übersee. Hier braucht man nur Lust an Bewegung, Lust auf eine Menge Spaß und die Lust, eigene Grenzen zu überwinden.

Für Geschichtsinteressierte bietet sich ein Besuch im Keltengehöft Stöffling an. In einem frühgeschichtlichen Gehöft, bestehend aus vier Gebäuden – Wohnhaus, Stall, Lagergebäude und Werkstatt – wird das Leben der keltischen Vorfahren praktisch erlebbar gemacht. Ziel der Anlage ist es, eine frühe menschliche Siedlung darzustellen. Dazu gehört selbstverständlich, dass bereits beim Bau der Häuser versucht wurde, sich an die handwerklichen Möglichkeiten der Menschen der La-Tene-Zeit zu halten. Das Gehöft ist Station 3 auf dem Rundweg des Römermuseums Seebruck und in unmittelbarer Nähe des Moierhofes.

Was tun bei schlechtem Wetter?

- Bauernmuseum Amerang
  Original eingerichtete Bauernhäuser, Werkstätten und technische Anlagen aus fünf Jahrhunderten veranschaulichen das Leben der bayerischen Vorfahren. Weberinnen und Spinnerinnen zeigen vor Ort ihr Kunsthandwerk.
  Bauernhausmuseum Amerang (des Bezirks Oberbayern)
  Hopfgarten 2, 83123 Amerang
  Sekretariat: Telefon 08075-915090, Telefax 08075-9150930
  verwaltung@bhm-amerang.de

- Das Heimathaus Prien

  Das Heimathaus Prien stellt in 23 Räumen zu Spezialgebieten wie Fischerei, Priener Hut und Chiemgauer Tracht aus. Zu bewundern sind u.a. eine Schusterstube, ein Biedermeierzimmer, regionale Kunst und eine riesige Krippe.
  Heimatmuseum Prien
  Valdagnoplatz 1 (am Marktplatz), 83209 Prien
  Telefon 08051-92710, kunstsammlung@prien.de
  www.tourismus.prien.de/de/detail/kultur_2,4091.htm

- Automobilmuseum Amerang

  Über 100 Jahre Automobilgeschichte auf 6.000 Quadratmeter Ausstellungsfläche. Erleben Sie über 220 Exponate deutscher Oldtimer von 1886 bis heute im EFA-Museum Amerang.
  Efa-Museum für deutsche Automobilgeschichte
  Wasserburger Straße 38, 83123 Amerang
  Telefon 08075-8141, Telefax 08075-1549

Geheimtipp des Bauernhoftesters Gert Schickling:

„Beim Brotbacken kommt der Appetit. Genießen Sie im Garten die Ruhe der Natur und essen Sie Ihr selbstgebackenes Brot am Brotzeittisch."

Oberthannlehen
in Bischofswiesen

Besonders geeignet für Bergsportler, Wanderer und Skifahrer

Oberthannlehen
Maria und Josef Holzeis
Berchtesgadener Str. 15
83483 Bischofswiesen
Telefon 08652-63180
www.oberthannlehen.de

Glasklare Luft, Berge zum Greifen nah, saftige Wiesen und sanfte Hügel prägen das Bischofswiesener Tal. Bekannt ist der heilklimatische Kurort vor der Silhouette des sagenumwobenen Watzmanns für sein umfassendes Freizeitangebot für Familien, seine bestens erschlossenen Wandergebiete und seine internationale Bedeutung im Wintersport. Der dreifache Olympiasieger im Rennrodeln, Georg Hackl, lebt in Bischofswiesen, ebenso die Weltmeisterin im Riesenslalom, Kathrin Hölzl.

Schon 1990 erkannte die UNESCO das Berchtesgadener Land wegen seiner beispielhaften alpinen Natur- und Kulturlandschaft als Biosphärenreservat international an. Doch selbst routinierte Kenner der Region können in Bischofswiesen immer wieder Neues entdecken. Die „Steinerne Agnes“, eine bizarre Felsformation in Form einer Frau mit Hut, wurde 2004 mit dem Gütesiegel „Bayerns schönste Geotope“ ausgezeichnet.

Mit Blick auf den allseits bekannten Watzmann befindet sich das Anwesen „Oberthannlehen“ von Maria und Josef

Holzeis in einer traumhaften Lage circa 2 Kilometer von Bischofswiesen und 4 Kilometer von Berchtesgaden entfernt. Damit ist der freistehende, kinderfreundliche Bauernhof mit Milchkühen, Kälbern, Ziegen, Schweinen und Katzen ein idealer Ausgangspunkt für einen Urlaub in den bayerischen Alpen.

Appartements und Zimmer

Die geräumigen Komfort-Ferienwohnungen (90 qm und 60 qm) sind ideal für jede Familiengröße (ab 2 Personen). Sie sind voll ausgestattet, auf Wunsch gerne auch mit Kinderbett, Kinderwagen und Kinderhochstuhl.

Die neu errichtete, geräumige Ferienwohnung mit 90 Quadratmetern hat zwei separate Schlafzimmer. Einen großzügigen Wohnraum mit Küche, eine Essecke für 6 Personen und einer gemütlichen Wohncouch mit Kabel-TV. Ein Badezimmer mit Dusche/WC sowie einem zusätzlichem WC. Zur

Standardausstattung gehören auf dem Oberthannlehen-Hof Bettwäsche, Essecke, Grillmöglichkeit, Handtücher, Liegewiese, Tiefkühlfach, Geschirrspüler, Herd 4-Platten, Wohnküche, zusätzliches WC in der Wohnung, ein Zustellbett, Bandscheibenmatratzen, Doppelbett, Kinderbett, Einzelbett(en), Dusche/WC, Fön, Kabel- / Sat-TV, TV, Radio, Kühlschrank, Mikrowelle, Balkon, Balkonmöbel, Gartenmöbel, Babyhochstuhl, eine ausziehbare Sitzgruppe, also ein Schlafsofa.

Für gemütliche Abende steht eine urige Holzhütte mit Grillmöglichkeit zur Verfügung. Auf Wunsch gibt es einen Brötchenservice und frische Milch von den hofeigenen Milchkühen. Auf dem großen südseitigen Balkon hat man einen traumhaften Blick auf den Watzmann und die gesamte Berchtesgadener Bergwelt.

Es ist genügend Platz ums Haus für Spielmöglichkeiten vorhanden – auch ein neu erbauter Kinderspielplatz mit Sandkasten, Rutsche und einem Kletterbaum bietet den Kleinsten viel Platz zum Spielen. Da der Hof voll bewirtschaftet wird, kann man natürlich die Tiere beobachten und streicheln. Die beiden Ziegen Lisi und Lotti lassen sich gerne spazierenführen.

Ausflugsziele wie Königssee, Kehlsteinhaus, Salzbergwerk, Salzburg, Bad Reichenhall und Ramsau mit Hintersee sind nicht weit entfernt. Wanderungen im Tal, aber auch auf höhere Berge sind direkt vom Haus aus möglich. Gerne versorgen die Gastgeber ihre Feriengäste mit Wandertipps für kleine oder große Touren

Aktivitäten rund um den Oberthannlehen-Hof

Die Feriengäste können rund um den Königssee die Landschaft des Nationalparks Berchtesgaden erkunden, wandern, Tiere beobachten oder auf Almen und Berggasthöfen einkehren. Vom Kehlsteinhaus (1.834 m) genießen die Urlauber einen überwältigenden Blick auf das Berchtesgadener Land und die Salzburger Bucht. Die 6,5 km lange Straße vom Obersalzberg zum Kehlstein ist nur mit einem Bus von der Busabfahrtstelle Hintereck am Obersalzberg zu erreichen und dauert etwa 35 Minuten. Das historische Teehaus, ein Dokument nationalsozialistischer Architektur, wird heute als Berggasthof geführt.

Die Bergseen rund um Bischofswiesen sind eine willkommene Abkühlung nach einer sommerlichen Wanderung. Die beliebtesten Seen sind der Königssee bei Sankt Bartholomä, der Hintersee bei Ramsau, der Höglwörthersee mit der romantischen Rokokokirche, der Absdorfer See oder der Thumsee bei Bad Reichenhall. Nach einer anspruchsvollen Wanderung über die Saugasse von Sankt Bartholomä gelangt man zum naturbelassenen

Funtensee, einem wunderschönen Gebirgssee im Steinernen Meer im Nationalpark Berchtesgaden. Dort kann man auf einer Höhe von 1.633 Meter das unterirdische „Teufelsloch“ entdecken.

Bischofswiesen ist bekannt als Zentrum der Wintersportler. Regelmäßig treffen sich die weltbesten Skifahrer/-innen und Snowboarder zu internationalen Wettbewerben im Skizentrum Götschen, das auch als Familienskigebiet in der Region bekannt ist. Für Tourengeher bietet die Region ungeahnte Möglichkeiten. Vor der herrlichen Kulisse der schneebedeckten Gipfel schlängeln sich über 20 Kilometer bestens präparierte Loipen aller Schwierigkeitsgrade rund um das Langlaufzentrum Aschauweiher. Eine Beschneiungsanlage und Flutlicht sorgen für beste Bedingungen, selbst wenn es im Tal nicht geschneit hat. Eislaufen und Eisstockschießen auf dem zugefrorenen Naturteich Aschauerweiher, Schneeschuh-Wanderungen zur urigen Holzfällerhütte, Rodeln und Pferdeschlittenfahrten – das Angebot in Bischofswiesen ist vielfältig und vom Oberthannlehenhof aus sehr gut zu erreichen.

Was tun bei schlechtem Wetter?

- Haus der Berge
  In einem rund 1.000 m² großen Raum befindet sich die Ausstellung „Vertikale Wildnis“. Hier lernen Besucher auf einer stetig ansteigenden Bergwanderung die Vielfalt des Lebens im Nationalpark Berchtesgaden kennen: Die Reise beginnt am Grund des Königssees und führt über die Lebensräume Wasser, Wald, Almwiesen und Fels bis hinauf zu den Gipfeln der Berchtesgadener Alpen. Im Lebensraum Fels gibt es einen kurzen Naturfilm, der im Innern der Bergvitrine auf eine 11 x 15 m große Leinwand projiziert wird.
  Informationszentrum & Bildungszentrum
  Hanielstraße 7, 83471 Berchtesgaden
  Telefon 08652-9790600
  hausderberge@npv-bgd.bayern.de
  www.haus-der-berge.bayern.de

- Dokumentation Obersalzberg
  Seit Oktober 1999 ist die Dauerausstellung des Instituts für Zeitgeschichte München-Berlin auf dem Obersalzberg eingerichtet. Hier wurde für die Jahre vor 1933 und nach 1945 eine ausführliche und sehr sehenswerte, zeitgeschichtliche Dokumentation erstellt. Die Ausstellung zeigt die Entwicklung von Hitlers Feriendomizil hin zum sogenannten zweiten Regierungssitz, das System des Parteiapparats und seiner Akteure, das nationalsozialistische Terrorregime mit den katastrophalen Folgen bis hin zu Völkermord und Zweitem Weltkrieg.
  Dokumentation Obersalzberg,
  Salzbergstraße 41, 83471 Berchtesgaden
  Telefon 08652-947960, www.obersalzberg.de

- Heimatmuseum Schloss Adelsheim
  Das kleine Renaissanceschlösschen wurde 1614 vom Stiftskanzler der Fürstprobstei erbaut.
  Heute öffnet es als eines der schönsten Heimatmuseen allen Besuchern seine Türen und lädt zum geschichtlichen Rundgang ein. Den Mittelpunkt der unzähligen Ausstellungsstücke bildet die „Berchtesgadener War", als einstmals bekannte und sehr geschätzte Handwerkskunst.
  Feingearbeitetes Holzspielzeug, kunstvoll gefertigte Beinschnitzarbeiten, bemalte Spanschachteln oder klangvolle Musikinstrumente waren berühmte Produkte und wichtige Verdienstquellen für die Bevölkerung.
  Sehenswerte Wechselausstellungen verschiedenster Themen und Inhalte vermitteln Kultur und heimische Handwerkskunst aus Vergangenheit und Gegenwart.
  Schloss Adelsheim,
  Schroffenbergallee 6, 83471 Berchtesgaden
  Telefon 08652-44 10
  www.heimatmuseum-berchtesgaden.de

Geheimtipp des Bauernhoftesters Gert Schickling:

„Lassen Sie sich von der Familie Holzeis verraten, wo Sie Adler und Murmeltiere sehen können!"

Der Plenkhof
bei Ruhpolding

Besonders geeignet für Wanderer und Romantiker

Plenkhof
Familie Thullner
Froschsee 5
83324 Ruhpolding
Telefon 08663-9240
Telefax 08663-419180
info@plenkhof.de
www.plenkhof.de

Ruhpolding ist berühmt für seine einzigartige Berglandschaft, die kristallklaren Seen und Flüsse, seine grünen Wälder und nicht zuletzt für die Herzlichkeit der bayerischen Bevölkerung. Gastfreundschaft wird auch bei Familie Thullner auf dem Plenkhof großgeschrieben. Fernab vom Stress der Großstadt urlaubt man am Plenkhof auf einer Anhöhe mit herrlichem Blick auf die Bergwelt und auf den Ort Ruhpolding im Chiemgau. Familie Thullner sorgt dafür, dass sich auf dem Hof Mensch und Tier wohl fühlen. „Wir achten auf eine biologische Bewirtschaftung unseres Bauernhofs, da uns die Natur am Herzen liegt."

Appartements und Zimmer

Die Ferienwohnungen auf dem Bauernhof sind unterschiedlich groß und alle mit viel Liebe im bayerischen Landhausstil eingerichtet. Die Ferienwohnung „Bauernstube" im Nostalgiehaus bietet mit seinen 40 Quadratmetern Platz für 2-4 Personen. Das Wohnzimmer hat eine Sitzecke mit Schlafsofa und die Küchenzeile ist in den Wohnraum integriert. Es gibt ein

separates Schlafzimmer und ein Badezimmer mit Dusche und WC. Der Ofen in der Wohnung sorgt nicht nur im Winter für gemütliche Urlaubsabende und auf der großen Sonnenterrasse können die Gäste von morgens bis abends die Ruhe und die Natur rund um den Hof genießen.

Die Appartements auf dem Hof sind mit 28 Quadratmetern etwas kleiner, bieten aber einen ähnlich hohen Standard. Das Appartement „Gerstenkorn" befindet sich im ersten Stock

der Kornkammer und bietet vom Balkon aus einen herrlichen Blick auf die Naturlandschaft des Chiemgau und im Winter auf die Loipen, die direkt am Hof vorbeiführen. Deshalb sind die Wohnungen auf dem Plenkhof auch im Winter sehr beliebt.

Aktivitäten rund um den Plenkhof

Rund um den Plenkhof führen zahllose Spazier-, Wander- und Bergwege sowie eine Nordic Walking-Strecke durch das

Wellness

Tiere auf dem Plenkhof

Tal, immer entlang der Traun, vorbei an urigen Almen bis hinauf zu den Gipfeln der Bayerischen Alpen. Nordic Walking eignet sich hervorragend, um die eigene Fitness zu stärken und die Ausdauer zu trainieren. Jedoch gibt es bei der Ausführung dieser Sportart einige Regeln zu beachten, um die Gelenke zu schonen und die Kondition effizient zu steigern. Am Plenkhof haben Gäste wie auch Einheimische die Möglichkeit, einen Nordic Walking-Kurs zu absolvieren und sich von Kathrin Thullner einen eigenen Trainingsplan erstellen zu lassen.

Mit der Unternbergbahn gelangt man ganz bequem auf ca. 1.450 m Seehöhe. Besonders beeindruckend ist der 360 Grad Blick über die Zentralalpen bis hin zum Chiemsee. Zahlreiche Almhütten laden am Unternberg zu einer echt bayerischen Brotzeit ein. Oben angekommen lernen die Spaziergänger auf dem Alpen-Erlebnispfad abwechslungsreich und anschaulich die Alpen kennen.

Wer sich nach dem Sport erholen möchte, geht ins hofeigene Massagestudio und bekommt von Kathrin Thullner neben den Standardmassagen spezielle Freiluft- und Bio-Massagen.

Sonnenterrasse

Der Plenkhof ist noch voll bewirtschaftet und so gibt es hier Kühe und Kälber, die im modernen Stall ein sauberes Zuhause gefunden haben. Gerne können die Gäste die Tiere besuchen und die Kälber streicheln. Wer mag, dem zeigt Familie Thullner, welche Arbeiten im Stall anfallen und wie eine moderne, artgerechte Landwirtschaft funktioniert.

Badeweiher

Die beiden Kater Maxi und Felix sorgen für Stimmung auf dem Bauernhof. Zumindest wenn sie nicht gerade mit einem ausgiebigen Nickerchen beschäftigt sind. Sie freuen sich über Streicheleinheiten und fordern so manchen Gast zum Spielen auf. Und dann gibt es noch die Stute Nena auf dem Hof, die sich sehr über ein paar Karotten freut. „Wir bitten nur um Verständnis, dass Nena nicht als Reitpferd zur Verfügung steht. Sie soll wie die Gäste die Natur und die Ruhe genießen", sagt Familie Thullner.

„Der neue Badeteich steht unseren Gästen kostenlos zur Verfügung. Direkt beim Badeteich finden Sie ein kleines Badehäuschen mit überdachter Terrasse und einer große Sonnenwiese. Wer gerne längere Bahnen ziehen möchte, der fährt zum nahe gelegenen Chiemsee", so die Gastgeber.

Hofeigene Alm

Die Schwarzachenalm gehört zum Plenkhof und ist über die Sommermonate bewirtschaftet und in ca. 45 Minuten zu Fuß zu erreichen. Gäste können zur Schwarzachenalm auch mit dem Kinderwagen oder mit dem Fahrrad gelangen. Die Alm liegt in einem Tal an Gebirgsbächen. Von Ruhpolding aus lässt sich die Alm bequem mit der Kutsche erreichen.

Auf der Alm kann man sich mit einer Brotzeit, Kaiserschmarrn und anderen bayerischen „Schmankerl" stärken und dann eine Wanderung zum Rauschberg oder zum Sonntagshorn starten.

Schwarzachenalm

Was tun bei schlechtem Wetter?

- Trachtenabende

  In Ruhpolding wird Tradition gepflegt wie kaum an einem anderen Ort in Bayern. So finden häufig Trachtenabende und andere folkloristische Veranstaltungen statt, die das echte bayerische Kulturgut zeigen.

- Vita Alpina

  5 Minuten vom Hof entfernt ist das Vita Alpina. Ein Wellenhallenbad, das für Kinder und Erwachsene geeignet ist. Im Winter ist das warme Außenbecken besonders beliebt. Direkt angrenzend befindet sich auch das große Freibad mit Schwimmer- und Kinderbereich.

  Branderstr. 1, 83324 Ruhpolding, Telefon 08663-41990

Geheimtipp des Bauernhoftesters Gert Schickling:

„Im Winter ist Ruhpolding ein Treffpunkt aller Wintersportler. Besonders begeistert hat mich die große Zirmbergschanze der Skispringer in der Chiemgau-Arena. Für Biathlonfans gibt es Sommer wie Winter „Gastschießen". Bitte nicht falsch verstehen: Nicht auf Gäste schießen!"

Der Reiterhof am Waldrand
Stockheim in Unterfranken

Besonders geeignet für Familien und Pferdefreunde

Reiterhof am Waldrand
Michael und Regina Fuchsberger
Willmarser Str. 30
97640 Stockheim
Telefon 09777-3213
Telefax 09777-3215
Email: reiterhof.am.
waldrand@t-online.de
www.reiterhof-am-waldrand.de

Die über 1500 Jahre alte Gemeinde Stockheim liegt im unterfränkischen Rhön-Grabfeld-Kreis und verströmt einen mittelalterlichen Charme. Neben zahlreichen kleineren Handwerksbetrieben gibt es in Stockheim auch eine Museumsbahn, die Geschichtsinteressierte zum Entdecken einlädt. Besonders Naturliebhaber und Pferdenarren können in Stockheim eine unvergessliche Urlaubszeit verbringen.

Appartements und Zimmer

Der Grundstein des Reiterhofs am Waldrand wurde bereits vor über 50 Jahren gelegt. Die ausgebildete Pferdewirtin und Trainerin Regina Fuchsberger führt den idyllisch gelegenen Hof zusammen mit ihrem Mann Michael. Pony Fanny war das erste Pferd der Familie und 1969 das erste Schulpferd des Reiterhofs. Der Hof gehört zu den größten in ganz Unterfranken und ist eine von der Deutschen Reiterlichen Vereinigung anerkannte Reiterschule. Die Ferienwohnungen sind mit Möbeln des Künstlers Reinhold Albert eingerichtet, die er selbst entworfen

und aus heimischen Hölzern angefertigt hat. Zwei Erwachsene und bis zu vier Kinder finden in den geräumigen Wohnungen Platz. Die rund 70 qm teilen sich auf zwei Stockwerke auf: Im Erdgeschoss befinden sich neben dem Esszimmer und der Küche auch das Badezimmer inklusive WC und die Terrasse. Im oberen Stockwerk ist das Elternschlafzimmer mit Panoramablick zum Waldrand. Zum Kinderschlafzimmer führt eine kleine Treppe, ein Vorhang trennt nachts den Raum. Die Ferienwohnungen sind mit allen wichtigen Küchengeräten und einem Telefon- und Internetanschluss mit WLAN ausgestattet. Neben

den drei Familienferienwohnungen gibt es auch eine Kinderferienwohnung auf dem Hof, die vom Bauernhoftester mit drei Sternen ausgezeichnet wurde. Diese kann vor allem für Ausflüge von Schulen oder Tagesstätten genutzt werden und bietet Platz für acht Kinder und zwei Betreuer.

Aktivitäten rund um den Reiterhof

Auf dem Reiterhof dreht sich alles rund ums Thema Pferd. Interessierte können an Reitkursen teilnehmen – mit den Pferden des Hofs oder mit dem eigenen vierbeinigen Freund. „Kinder sind im Stall gerne gesehen", heißt es auf der Homepage des Hofs. Sie dürfen füttern, striegeln und die Pferde auf die Koppel bringen. Und auch der Reitunterricht ist individuell nach den Wünschen und den persönlichen Voraussetzungen der Teilnehmer angepasst. Spaß und Gemeinschaftssinn stehen auf dem Hof im Vordergrund.

In der Umgebung kann man vielen spannenden Aktivitäten nachgehen. Geschichtsbegeisterte können neben dem historischen Stockheim auch das ursprüngliche fränkische Dorfleben

Pferdesport auf dem Reiterhof

kennenlernen. Das Freilandmuseum Fladungen erreicht man in kurzer Zeit ganz authentisch mit der Museumsbahn, dem „Rhön-Zügle", das mit gemütlichen 40 km/h von Stockheim direkt in das Museum einfährt. Mit der gleichen Geschwindigkeit geht es in Gerlach die Sommerrodelbahn hinunter. Zur Rodelarena gehören auch eine Bobbahn und ein Kletterwald. An der Rhön erhebt sich der fast 1.000 Meter hohe Kreuzberg. Hier kann man Mountainbike-Touren unternehmen und im Winter Ski und Schlitten fahren. Wer zum Kloster Kreuzberg wandert, kann im urigen Biergarten das berühmte Klosterbier genießen. Im Dreiländereck von Bayern, Hessen und Thüringen entdecken Wanderer im Schwarzen Moor eine einzigartige Tier- und Pflanzenwelt. Auf Wanderwegen und einem 2,7 Kilometer langen Moorlehrpfad wird man durch das beeindruckende Naturschutzgebiet an der Rhön geführt. Wer die Tiere des Waldes sehen möchte, kann den nahe gelegenen Wildpark Klaushof in Bad Kissingen besuchen. Neben Rehen, Wildschweinen und Luchsen gibt es auch einen Streichelzoo für Kinder. Doch auch auf dem Hof kommen Kinder und Eltern voll auf ihre Kosten: Der Reiterhof bietet eine Ferienbetreuung von morgens bis zum späten Nachmittag. So können die Kinder im Ferienprogramm den Hof entdecken und Eltern haben

Zeit, die Sonne zu genießen oder durch die romantischen Städtchen und Dörfer in der Gegend zu schlendern.

Was tun bei schlechtem Wetter?

- Für die Kleinen: Rudis Abenteuerland ist ein Indoor-Kinderparadies mit einer Kartbahn, einem Abenteuerdschungel und zahlreichen sportlichen Aktivitäten.
  Rhön Park Hotel
  Rother Kuppe 2, 97647 Hausen-Roth
  Telefon 09779-910, www.rhoen-park-hotel.de
  Entfernung: ca. 15 km

- Für die ganze Familie: Das Erlebnisbad Triamare bietet Erholung für Jung und Alt. Neben einem Wellnessbereich gibt es auch Rutschen für Abenteuerlustige.
  Triamare
  Mühlbacher Straße 15, 97616 Bad Neustadt
  Telefon 09771-6309950, Telefax 09771-63099530
  www.triamare.de, Entfernung: ca. 20 km

Geheimtipp des Bauernhoftesters Gert Schickling:

„Ich bin in Nürnberg aufgewachsen und habe meine Kindheit im wunderschönen Frankenland verbracht. Als Franke genieße ich die Bodenständigkeit dieser Region und kann die fränkische Gastfreundschaft nur empfehlen!“

Der Riedenburger Hof
im Altmühltal

Besonders geeignet für Entdecker

Erlebnisbauernhof
Riedenburg
Josef Böhm
Echendorf 11
93339 Riedenburg
Telefon 09442-2057
Telefax 09442-3464
info@ferienhof.net
www.ferienhof.net

Der Luftkurort Riedenburg im Naturpark Altmühltal gilt bei Wanderern und Radfahrern schon lange als einer der schönsten Ausgangspunkte für Touren entlang des Fernwanderweges Altmühltal. Von hier aus kann man die Natur entdecken, Burgen und Sehenswürdigkeiten besichtigen oder das Bauernhofmuseum des Riedenburger Hofes erkunden. Josef Böhm und seine Familie haben das Museum jahrelang aufgebaut, und so kommen ganze Schulklassen auf den Hof, um das bäuerliche Leben über die Jahrhunderte kennenzulernen. Wie jeder unserer Bauernhöfe bietet der Riedenburger Hof Übernachtungsmöglichkeiten für Feriengäste in sehr schön ausgestatteten Ferienwohnungen. Josef Böhm sieht sich als Bewahrer des bäuerlichen Lebens: „Die Gäste, die zu uns kommen, möchten eigentlich jeden Tag etwas Neues auf dem Hof ausprobieren. Dinge, die früher alltäglich waren: ein Seil drehen, Butter machen, einen Acker umpflügen. Ich zeige jedem gerne, wie es geht.“

Appartements und Zimmer

Der Riedenburger Hof hat ein freistehendes Ferienhaus in ruhiger Lage am Ortsrand mit einer sehr schönen Aussicht auf die Jurahöhen. Die insgesamt 6 Ferienwohnungen, die für 2-6 Personen vorgesehen sind, sind allesamt sehr ansprechend und sauber. „Ferienwohnung 1" mit 70 Quadratmetern befindet sich im Erdgeschoss und bietet großzügige Räume mit gehobenem Komfort. Die Wohnung ist mit dem Elternschlafzimmer und dem Kinderzimmer mit Stockbetten besonders für Familien geeignet. Zu den Wohnungen gehört ein überdachter Grillplatz, eine Waschmaschine und ein Trockner, ein eigener Gästeparkplatz und die Unterstellmöglichkeiten für Fahrräder.

Aktivitäten rund um den Riedenburger Hof

Die größte Attraktivität des Riedenburger Hofes ist das Bauernhofmuseum, das den Gästen und Besuchern von außerhalb die landwirtschaftlichen Geräte und Arbeitsschritte vergangener Zeiten nahebringt. Besucher des Bauernhofmuseums können die Entwicklung von der schweren Handarbeit mit

Lanz Bulldog

dem Dreschflegel über den Einsatz von Ochsen- und Pferden bis hin zu den „modernen“ Gas- und Dieselmotoren der 20er und 30er Jahre verfolgen. Besucher sind jederzeit willkommen selbst auszuprobieren, ob sie die Geräte denn bedienen könnten. Die beliebtesten Experimente sind Peitschenknallen, Ausbuttern, Dieseltraktor fahren oder Spinnen mit dem

Jede Wohnung hat ein eigenes Hühnernest

Spinnrad. Josef Böhm erklärt, zeigt und erzählt geduldig: „Der Unterschied zu jedem anderen Museum ist, dass ich möchte, dass die Menschen die historischen Gegenstände mit allen Sinnen erfassen dürfen. Als es noch Gebrauchsgegenstände waren, hatte auch niemand Angst, dass etwas vom Ansehen kaputtgehen könnte."

Also fühlen, hören, sehen und – im Falle des Dieselmotors – riechen die Feriengäste das Museum. Und das macht den Bau-

ernhof zu einem Erlebnisbauernhof für Entdecker. Für Kinder gibt es auf dem Riedenburger Hof eine Spielscheune mit Kletterwand, Kettcars, eine Tischtennisplatte und eine Bastelecke. Neben Menschen und Maschinen gibt es auf dem Hof auch noch Tiere. Kühe, Meerschweinchen und Hühner. Jedes Ferienappartement hat übrigens eine eigene Legehenne, die morgens ein Frühstücksei legt. Berühmt sind die „grünen Eier" der Henne Berta, deren Eier tatsächlich grün schimmern.

Was tun bei schlechtem Wetter?

Die Umgebung vom Riedenburger Hof bietet für jeden Besucher reichlich Abwechslung. Ob lange Wanderungen oder spannende Erkundungen ganz in der Nähe. Hier gibt es für jeden das passende Freitzeitangebot. Auch im Winter bietet die Landschaft reichlich Auswahl für unterschiedliche Freizeitaktivitäten. Ob Langlauf oder Schlittenfahrten – hier ist alles möglich.

- Burg Falkenstein (5 km)
  Das Wahrzeichen des Vorderen Bayerischen Waldes, die Burg Falkenstein, lockt jedes Jahr viele Besucher in den herrlich gelegenen Luftkurort Markt Falkenstein. Bischof Tuto von Regensburg erbaute die Burg Falkenstein 1074.

- Waldwelt (14 km)
  Ein besonderer Seminarort. Der „Ur-Spungsgedanke" war, die „Ur-Themen" der Menschheit ins Gedächtnis zurückzurufen. Eine Gegenbewegung zu der „florierenden" Fun & Action Tourismusmaschinerie.
  Die Menschen haben genug von Ballermann und Animation. Was ist wohl befriedigender? Nach einer Woche aus

Mallorca nach Hause zu kommen oder einen Backofen zu bauen? Dieses praktische Wissen kann den Teilnehmern niemand mehr nehmen, und das ist echte Befriedigung und Genugtuung. Das ist Animation, mit bleibenden Werten. Wissen vermitteln und zugleich Urlaub machen – die Waldwelt war geboren.

In der Waldwelt erwartet die Seminarteilnehmer keine Knochenarbeit, sondern eine Lageratmosphäre aus einer Mischung von Motorsägen, Handwerkzeug sowie Kaffee und Kuchen, deftiges Essen und interessanten Gesprächen am Lagerfeuer. Der Naturpark Bayerischer Wald und das Waldwelt-Gelände (10 Hektar) bieten hierfür den idealen Rahmen – Natur pur. Die Besucher lernen z. B. die Königsdisziplin des Holzbaus kennen: Aus eigener Kraft ein kleines Holzhaus oder eine Blocksauna zu errichten.

Hinterascha 1, 94372 Rattiszell, Telefon 09964-60006

- Waldwipfelweg Sankt Englmar (30 km)

  In beeindruckender Panoramalage führt der Waldwipfelweg Sankt Englmar von der Ausflugsgaststätte Woid-Wipfe-Häusl scheinbar endlos in den weiß-blauen Himmel über dem Bayerischen Wald. Das Besondere am Waldwipfelweg (Waldwipfelpfad) hoch über der Feriengemeinde Maibrunn ist seine Hanglage, die diesen optischen Eindruck von einem „Himmelspfad" hervorruft.

  Der Waldwipfelpfad St. Englmar ist weniger ein Baumwipfelweg zur Erforschung der Baumkronen als vielmehr ein Panoramasteg. Daher verfügt der Holzsteg selbst auch über keinerlei Lehrstationen. Informationen zur Flora und Fauna des Naturparks Bayerischer Wald erhalten Besucher hingegen auf den angeschlossenen Erlebnispfaden.

  Maibrunn 9a, 94379 Sankt Englmar

- Walhalla (50 km)
  Die Ruhmes- und Ehrenhalle an der Donau. In der Nähe von Regensburg, hoch über der Donau, ließ König Ludwig I. von Bayern sein Nationaldenkmal errichten: die Walhalla. Kaum ein königliches Bauwerk ist bis in das kleinste Detail so durchgeplant und von so geistreicher Idee getragen wie der Ruhmestempel. Walhalla-Schiffsrundfahrt von Regensburg.

Geheimtipp des Bauernhoftesters Gert Schickling:

„Mein persönliches Hightlight war die Fahrt mit einem alten Lanz Bulldog – ein unvergessliches Abenteuer. 80 Jahre, Achtung Verschmutzungsgefahr."

Der Schädlerhof
in Oberstaufen

Besonders geeignet für Wanderer, Naturfreunde und Genießer

Schädlerhof
Familie Schädler
Buflings 5
87534 Oberstaufen
Telefon 08386-1202
info@schaedlerhof.de

Der Markt Oberstaufen im Oberallgäu liegt auf knapp 800 Höhenmetern und grenzt an das österreichische Vorarlberg. Seit 2008 ist der „Naturpark Nagelfluhkette“ ein grenzüberschreitendes Pilotprojekt zur nachhaltigen Pflege der Natur und gilt bei Wanderern als eines der schönsten Wandergebiete Europas.

Mitten in diesem schönen Allgäuer Voralpenland gelegen, gibt der 1899 als Aussiedlerhof im Jugendstil erbaute „Schädlerhof“ den Blick auf den Naturpark Nagelfluhkette und den Hochgrat frei. Der Hof wird nach Biorichtlinien voll bewirtschaftet. Seit Jahren bietet die Familie Ferienwohnungen auf höchstem Niveau an. Der Ferienhof der Familie Schädler wurde mit bis zu 5 Sternen ausgezeichnet und gilt weithin als Kleinod Allgäuer Bauernhofarchitektur. Die Gastfreundschaft der Familie eilt ihrem Ruf voraus und so sind die 5 Ferienwohnungen schnell ausgebucht.

Appartements und Zimmer

„Damit sich unsere Gäste auch in ihren schönsten Tagen im Jahr wie zu Hause fühlen können, haben wir unsere Ferienwohnungen so heimelig wie möglich gestaltet“, sagt die Gastgeberin. Die Ferienwohnungen sind neu und hochwertig eingerichtet und bieten Dank ihrer Größe Platz für bis zu sechs Personen. Von ihrem Balkon aus genießen die Gäste den herrlichen Blick hinweg auf die Allgäuer Voralpenlandschaft mit Naturpark Nagelfluh und Hochgrat. Besonders schön ist die 5-Sterne-Wohnung „Panorama“, die mit 100 Quadratmetern und einem 12 Quadratmeter großen Südbalkon als sehr großzügig bezeichnet werden darf. Die Küche ist voll ausgestattet,

der Wohnraum hat eine moderne aber stilsichere Einrichtung, die ihre Herkunft nicht verleugnet, aber nicht alpentümelnd daherkommen will. Es gibt zwei Doppelschlafzimmer, wobei ein Zustellbettchen für jedes Zimmer bereit steht. Das blitzsaubere und moderne Bad hat eine moderne große Dusche mit WC. Außerdem gibt es noch ein separates WC in der Wohnung.

Aktivitäten rund um den Schädlerhof

Wer auf dem Schädlerhof übernachtet, der kommt in den Genuss eines umfangreichen Freizeit- und Serviceangebotes, da die Gastgeber Mitglieder bei Oberstaufen PLUS sind. Das heißt, das Tourismusbüro bietet kostenlose Berg- und Talfahrten mit der Hochgratbahn. Man kann mühelos auf fast 1.800 Meter fahren und auf der Sonnenterrasse das Panorama von der Zugspitze bis zum Säntis genießen. Die Bergstation ist ein idealer Ausgangspunkt für Wandermöglichkeiten. Dasselbe Angebot gilt für die Imbergbahn und die Hündlebahn, inklusive der kostenlosen Nutzung der Sommerrodelbahn. Die Wanderungen führen vorbei an Spielplätzen und urigen Hütten, bei denen man einkehren und Brotzeit machen kann. Oberstaufen bietet geführte Wanderungen und ein sehr gut gekennzeichnetes Wegenetz mit sogenannten Premiumwegen.

Beim Wandern entlang des „Wilden Wassers“ kommt man durch die letzten Mischwaldurwälder Deutschlands bis zu den beeindruckenden Buchenegger Wasserfällen. Die Wege auf dem „Luftigen Grat“ bringen den Wanderer, wie der Name schon sagt, hinauf in die aussichtsreichen Höhen des Allgäus. Lehrreich und spannend ist auch das 2011 eröffnete AlpSee-Haus in Bühl, das als Naturparkzentrum einen idealen Einstieg in die spannende Welt des Naturparks Nagelfluhkette

bildet. Wissenswertes rund um Fauna, Flora und Entstehungsgeschichte machen das Zentrum zu einer Forschungsstation für Naturfreunde. Daneben gibt es noch ein Spielareal mit Kletterfelsen, Slackline, Spielstationen und einem Kletterschiff für die Kleinsten. Schulkinder können in den Sommerferien eine Ausbildung zum Junior-Ranger machen. An vier Tagen lernen die Kinder mit jeweils zwei Umweltpädagogen die Natur des Naturparks Nagelfluhkette kennen. Durch den Besuch eines Försters und einer Sennalpe lernen sie die Bedeutung der Forst- und Alpenwirtschaft im Allgäu kennen.

Mit der Oberstaufen PLUS Karte gibt es außerdem freien Eintritt in viele Erlebnisbäder. Im Aquaria Hallenbad gibt es neben dem Hallenbad ein Freibad, ein Sportbecken, ein

Warmwasserbecken, eine 100-Meter-Wasserrutsche und eine große Saunalandschaft. Das Freibad Thalkirchdorf ist etwas kleiner, hat aber eine große Liegewiese sowie ein Schwimmer-, Nichtschwimmer- und Planschbecken für die Kleinen und bietet eine ruhigere Alternative zu den großen Spaßbädern.

Für Golfer ist die Lage des Schädlerhofes geradezu ideal, denn der Golfplatz Oberstaufen ist nur 300 Meter vom Ferienhof entfernt. Die Anlage umfasst einen 18-Loch-Platz, einen 9-Loch Kurzplatz in traumhafter Landschaft sowie großzügige Übungseinrichtungen mit Driving Range, Putting Green, Chipping Green, Pitching Green und Übungsbunkern. Auf der Anlage gilt das Motto „Golf für Jedermann". Die Benutzung der Drivingrange ist kostenlos. Als Gäste des Schädlerhofes gibt es eine Greenfee-Ermäßigung.

Der Schädlerhof ist im Winter außerdem ein guter Ausgangspunkt für Skifahrer. So gibt es gratis einen Skipass für vier Oberstaufener Skigebiete mit einem 35 Kilometer langen präparierten Pistennetz. Teilweise gibt es Beschneiungsanlagen und Flutlicht. Das 100 Kilometer lange Loipennetz ermöglicht jeden Tag eine andere Skitour, teilweise gibt es Flutlichtanlagen für die Loipen, damit man auch nachts Langlaufen und Skaten kann. Die Gemeinde bietet Schneeschuhwanderungen und Rodelabfahrten an und wer es etwas gemütlicher mag, der kann auf 60 Kilometer langen geräumten Winterwanderwegen die Allgäuer Winterlandschaft zu Fuß genießen.

Traktorausfahrt

Das nahe Oberstaufen gilt als Heimat der „Schroth-

Kur". Benannt nach Johann Schroth, der von der einzigartigen Schönheit und dem heilkräftigen Klima des Allgäus so angetan war, dass er Oberstaufen als idealen Ort für das Naturheilverfahren sah. Der Schädlerhof liegt in der Nähe verschiedener Ärzte und Naturheilpraktiker, die eine spezielle Kur für Feriengäste anbieten: Massagen, Packungen, Wohlfühlbäder, Wirbelsäulenbehandlung, Moorpackungen, Fußreflexzonen und Aroma-Verwöhnangebote, um nur einige Behandlungen zu nennen.

„So kann man nach einem Urlaub auf unserem Schädlerhof fitter und gesünder die Heimreise antreten. Manche Gäste kommen regelmäßig zu uns, um Energie zu tanken. Das freut uns auch als Gastgeber", sagt Familie Schädler.

Was tun bei schlechtem Wetter?

- Heimatmuseum beim Strumpfar
  In dem Allgäuer Bauernhaus von 1788 übten die „Strumpfwirker" ihren Beruf aus, weshalb das heutige Museum immer noch „Strumpfarhaus" genannt wird. Hier findet der Besucher ein originalgetreues Bauernhaus mit Wohnzimmer, Schlafzimmer, Küche und der sogenannten Strumpfwirkerstube. Bis zum Jahre 1923 wurden die hier hergestellten Strümpfe noch verkauft.
  Heimatmuseum beim Strumpfar
  Jugetweg 10, 87534 Oberstaufen
  Telefon 08386-1300, p.scheu@me.com, www.oberstaufen.de

- Sennereiführung in einer Käserei Steibis
  Seit fast hundert Jahren werden hier im Ortskern von Steibis Allgäuer Käsespezialitäten hergestellt. Gäste, Käseliebhaber und Interessierte können sich jeden Dienstag unangemeldet

der Käsereiführung anschließen und Wissenswertes über die Käseherstellung erfahren.
Bergkäserei Steibis, Im Dorf 12, 87534 Oberstaufen-Steibis
Telefon 08386-8156, Telefax 08386-992066

- Volkstanzgruppe Oberstaufen
  Gebirgstrachtenverein D'Hochgratler
  Liedertafel Oberstaufen
  Alphörner Oberstaufen
  Heimatverein Thalkirchdorf
  Alphörner Thalkirchdorf
  Trachten- und Heimatverein Steibis
  Auftritte der Volkstanzgruppen, Alphornbläser oder Trachtengruppen erfährt man über die Tagespresse oder über die Gastgeber.

Geheimtipp des Bauernhoftesters Gert Schickling:

„Mit einer Schroth-Kur ein oder zwei Kilo abnehmen war mein Ziel. Allerdings waren die Käsespätzle mit echtem Allgäuer Bergkäse zu verführerisch, so dass ich ein, zwei Kilo zugenommen habe."

Die Schmalzmühle
in Mittelfranken

Besonders geeignet für Genießer und Ruhesuchende

Schmalzmühle
Familie Friedrich König
91740 Röckingen
Telefon 09832-7433
Telefax 09832-706084
koenig@schmalzmuehle.de
www.schmalzmuehle.de

Der denkmalgeschützte Vierseithof Schmalzmühle liegt im romantischen Mittelfranken. Der Bau geht auf das Jahr 1680 zurück und stand demnach schon zur Zeit des Dreißigjährigen Krieges. Der Hof umfasste eine Getreidemühle und ein Sägewerk, das mit Wasserkraft betrieben wurde. Heute betreibt Friedrich König mit seiner Frau Barbara, seiner Mutter Emma und den Kindern Andreas, Florian und Beate, die Schmalzmühle. Neben den Ferienwohnungen lebt die Familie vor allem von der Käseherstellung und davon profitieren auch die Feriengäste.

Appartements und Zimmer

Die Schmalzmühle liegt im romantischen Mittelfranken, in der Nähe von Wassertrüdingen bei Ansbach, am Fuße des Hesselberges. Die Landschaft ist geprägt von sanften Hügeln, Mischwäldern und zahlreichen Gewässern. An einem dieser Weiher liegt der Wohlfühlhof. „Wohlfühlhof" darf die Schmalzmühle sich nennen, weil sie seit 2006 ein anerkannter Kneipp-Gesundheitshof ist. Auf dem Hof gibt es eine finni-

sche Sauna, einen Ruheraum mit Bibliothek, eine Teeküche, ein Armbecken und ein Wassertretbecken. Der Hof bietet außerdem Massagen und Wohlfühlanwendungen. Es stehen mehrere Ferienwohnungen zur Verfügung, die den Mühlencharakter des Bauernhofes bewahren. Die Familie selbst beschreibt ihre Wohnung „Kornkammer" auf der Homepage mit knappen Worten: „42 Quadratmeter, bis zu 5 Personen, ein Schlafraum mit Galerie und ein Bad mit Badewanne." Das ist vielleicht typische fränkische Bescheidenheit, denn die liebevoll renovierten Wohnungen lassen keinen Komfort vermissen und nehmen den Gast mit auf eine kleine Zeitreise ins historisch bedeutsame Mittelfranken.

Aktivitäten rund um die Schmalzmühle

Die Schmalzmühle ist ein Bauernhof, das heißt Stallarbeit und Heu einfahren sind selbstverständliche Tätigkeiten, die die Gäste gerne begleiten dürfen. Daneben bietet der Hof noch sportliche Aktivitäten wie Kanufahren auf der Wörnitz, Volleyball und Basketball.

Die Mühle hat Besonderheiten, die beinahe einzigartig sind. Der Bauernhof verfügt über eine eigene Käserei und bietet Käseseminare an. Die Familie führt die Gäste in das Geheimnis der Käseherstellung ein und so entstehen die Käsesorten: „Schmalzmüller Hochwasserpegel," ein Hartkäse mit schwarzer Pfefferrinde, der „Schmalzmüller Bauernrebell", ein in Öl eingelegter Weichkäse mit Knoblauch, Schnittlauch und Kräutersalz und viele weitere Sorten, die auch im hofeigenen Käseladen verkauft werden. Der Bauernhof ist Teil des Programmes „Lernort Bauernhof", da Familie König wichtig ist, „dass Kinder und Erwachsene auch künftig noch wissen, wo die Milch herkommt und wie unsere Landwirtschaft funktioniert." Die Feriengäste werden damit zu echten Selbstversorgern. Wer kann schon sagen, dass er sein Käsebrot wirklich selbst gemacht hat.

Ein tolles Angebot für technisch Interessierte bietet Friedrich König direkt auf der Mühle an. „Wie funktioniert eigentlich die Engergiegewinnung mit Wasserkraft? Auch das wissen nur wenige und kommen dann bei uns ins Staunen und begin-

nen zu forschen.“ Das Seminar „Wasserkraft“ dauert circa eineinhalb Stunden und ist für die ganze Familie geeignet.

Die Schmalzmühle ist ein idealer Ausgangspunkt für Wanderer und Radfahrer. Die leicht hügelige Landschaft rund um den Hesselberg bietet abwechslungsreiche Wandermöglichkeiten. Wälder, Felder und Wiesen bestimmen die Kulturlandschaft Mittelfrankens. Die sich stark windende Wörnitz gibt dem Landstrich seinen besonderen Reiz. Natürlich gibt es in der Region viele ausgeschilderte Rad- und Wanderwege, die vorbei an Streuobstwiesen, Karpfenweihern und durch bunte mittelfränkische Dörfer und Städte führen.

Was tun bei schlechtem Wetter?

- Ausflug nach Dinkelsbühl (20 Kilometer entfernt)
  Dinkelsbühl ist aufgrund des besonders gut erhaltenen spätmittelalterlichen Stadtbildes ein bedeutender Tourismusort an der Romantischen Straße mit vielen Freizeit- und Kulturangeboten.

- FLUVIUS – Museum Fluss und Teich
  Das Museum zeigt alles Wissenswerte rund um Fluss und Teich und hat eine eigene Storchenwebcam.
  Marktstraße 1, 91717 Wassertrüdingen
  Telefon 09832-6822-15, Telefax 09832-6822-16
  fluvius@stadt-wassertruedingen.de
  www.fluvius-museum.de

Geheimtipp des Bauernhoftesters Gert Schickling:

„Sie fragen sich vielleicht, warum der Bauernhof keine Sterne hat? Das ist nun ein echter Geheimtipp. Kein Ferienhof ist verpflichtet, sich von uns testen zu lassen. Aus Bescheidenheit melden sich manche Höfe nicht zur Prüfung an. Entdecken Sie selbst diese versteckten Kleinode, denn oft sind diese Höfe besonders familiär und persönlich geführt.“

Ferienhaus Schnürmann

im Mangfalltal

Besonders geeignet für Naturliebhaber

Ferienhaus Schnürmann
Waltraud und
Hans Forstner Schnürmann
83052 Bruckmühl
Telefon 08062-9745
Telefax 08062-805877
info@haus-schnuermann.de
www.haus-schnuermann.de

Das im oberbayerischen Mangfalltal gelegene Bruckmühl ist ein jahrtausendealtes Siedlungsgebiet mit zahlreichen kulturellen und geschichtlichen Hintergründen. Der Name der Stadt lässt sich auf die Mühle zu Bruck zurückführen, die an der Mangfall liegend, das erste Gebäude der Stadt darstellte. Für Natufreunde und Wanderliebhaber bietet das Mangfalltal zahlreiche Sehenswürdigkeiten und ausreichend Raum zur Erholung.

Appartements und Zimmer

Der Schnürmannhof, urkundlich bereits vor über 350 Jahren erwähnt, beherbergt seit 1926 die ersten Gäste. Der Schnürmannhof liegt in einer idyllischen Alleinlage und wurde vom Bauernhoftester mit 3 Sternen ausgezeichnet. Der Hof mit einem traumhaften Alpenpanorama bietet Urlaubern insgesamt drei Ferienwohnungen und zwei Ferienzimmer. Alle Ferienwohnungen sind für 2-4 Personen geeignet und bieten 40-60 qm. Ausgestattet sind die Wohnungen mit einer

Küchenzeile, einem Bad/WC, einem Schlafzimmer und – je nach Wohnung – einem zweiten Schlafzimmer oder einem funktionalen Wohn-/Schlafraum. Die Zimmer sind für maximal 3 Personen ausgelegt, haben ein Bad/WC und ebenfalls wie die Ferienwohnungen digitales Fernsehen. Zudem gehört zu den Zimmern auch ein Frühstücksangebot. Der großzügige Außenbereich hat ruhige Plätzchen zum Lesen und Entspannen, aber auch einen Kinderspielplatz zum Toben. Ein eigener Schwimmteich und ein Dammwildgehege, in dem sich Hirsche und Rehe aus nächster Nähe beobachten lassen, sind ideal für kleine Entdecker oder große Naturliebhaber. Familie Forstner hat auf dem Hof einen Wellnessbereich gestaltet, in dem man sich nach Ausflügen in die Natur so richtig entspannen kann. Im blickgeschützten Wellnessbereich gibt es eine finnische und eine Bio-Sauna, zudem gibt es eine medizinische Infrarotkabine, ein Kneippbecken und eine Wellnessdusche.

Wohlbefinden und bayerische Gemütlichkeit wird bei den Forstners gelebt. Freunde der bayerischen Volksmusik kommen auf dem Hof ganz bestimmt auf ihre Kosten.

„Die Musik liegt uns besonders am Herzen. Unsere ganze Familie ist Mitglied in der Musikkapelle Höhenrain und macht auch gerne Hausmusik. Auf Wunsch spielen wir auch zu Ihrer Unterhaltung."

Aktivitäten rund um das Ferienhaus Schnürmann

Gastgeberin Waltraut Forstner ist Vorsitzende des Vereines „Tourismus und Freizeit Mangfalltal" und dadurch natürlich Expertin, wenn es um Ausflugsziele in die Umgebung geht. Auf dem Ferienhof sind die Tiere das Spannendste. Neben dem bereits erwähnten Dammwildgehege gibt es einen Vogel, auf den die Familie besonders stolz ist: „Unser Pfau Wiggerl ist schon wunderschön anzusehen, wenn er der Pfauendame Sissi imponieren will." Die Esel Peter und Susi sind besonders kontaktfreudig, und unter Aufsicht dürfen die Ferienkinder gerne auf den gutmütigen Tieren reiten oder die Tiere mitnehmen zu einer Eselwanderung. Zum Wandern ist die Gegend rund um den Hof sowieso ideal. Die nahen bayerischen

Alpen bieten jeden Schwierigkeitsgrad. Wer es entspannter haben möchte, fährt mit Deutschlands ältester aktiver Zahnradbahn auf den 1.838 m hohen Wendelstein. Für Familien mit Kindern empfiehlt sich die Kampenwand, denn das dortige Wanderwegenetz ist eines der weitläufigsten und abwechslungsreichsten in den Bayerischen Alpen.

Was tun bei schlechtem Wetter?

- Für Wasserratten & Badefreunde: Therme Bad Aibling
  Ein über 10.000 m² großes Thermalbad, mit Hamam und großzügiger Saunalandschaft.
  Lindenstraße 32, 83043 Bad Aibling
  Telefon 08061-9066200, Telefax 08061-9066290
  www.therme-bad-aibling.de, Entfernung: ca. 10 km

- Für Kunstinteressierte: Städtische Galerie Rosenheim
  Ausgestattet mit moderner und zeitgenössischer Kunst, gehört die Rosenheimer Galerie zu einer der bedeutendsten in der Region.
  Max-Bram-Platz 2, 83022 Rosenheim
  Telefon 08031-3651447, Telefax 08031-3652063
  www.galerie.rosenheim.de, Entfernung: ca. 20 km

Geheimtipp des Bauernhoftesters Gert Schickling:

„Der Name „Ferienhaus“ stimmte mich skeptisch, aber ich war angenehm überrascht, einen echten, klassischen Bauernhof anzutreffen. Die Bäuerin als Wanderexpertin hat mir als „Flachlandfranke“ eine schöne Wandertour zusammengestellt. Diese Schicklingtour bleibt mein Geheimnis.“

Bio-Ferienhof Schöll
im Allgäu

Besonders geeignet für Pferdefreunde

Bio-Ferienhof Schöll
Franz und Anneliese Schöll
Rieggis 2
87448 Waltenhofen
Niedersonthofen
Telefon 08379-303
Info@ferienhof-schoell.de
www.ferienhof-schoell.de

Auf 1.000 Metern Höhe, in Rieggis, im Allgäuer Bergstättgebiet, ganz in der Nähe des Niedersonthofener Sees, liegt in herrlicher Alleinlage der Bio-Ferienhof Schöll. Der Hof ist eingebettet in die voralpine Berglandschaft des Allgäus. Rieggis ist bekannt als ein Dorf, das das Brauchtum und die Tradition pflegt. Blumengeschmückte Häuser im Allgäuer Stil, oft mit Holzschindeln gedeckt, erstrecken sich bis ans Ende des kleinen Tales in Richtung Holzachtobel. Die Region bietet Erholung für jeden Gast, ob man entspannen, sportlich aktiv sein möchte oder einfach nur die Natur erleben will. Für Singles, Paare und Familien, jeder bekommt hier sein individuelles Wohlfühlprogramm. Im Sommer genauso gut wie im Winter.

Der Bio-Ferienhof Schöll gilt als Kleinod in der Region sowohl für die Gäste als auch bei den Einheimischen. Insbesondere für Pferdeliebhaber ist der Hof eine Attraktion. Franz und Anneliese Schöll haben eine eigene Araberzucht, die weithin bekannt ist. Eine Reittherapeutin kommt regelmäßig auf den Hof und bietet Reitstunden selbst für die kleinsten Bambinireiter. Opa Bene fährt die Gäste mit der Kutsche durch die

Bergwelt

wunderschönen Bergtäler des Allgäus. Und wer seine Reitkünste perfektionieren möchte, der kann professionellen Einzelunterricht nehmen oder bei einem Ausritt die anspruchsvollen Reitwege der Umgebung kennenlernen.

Appartements und Zimmer

Der Bio-Ferienhof Schöll bietet Familien in 4-5 Sterne-Wohnungen ein unbeschreibliches Wohngefühl. Die 70 Quadratmeter großen Wohnungen haben eine große Wohnküche, zwei gemütliche Schlafzimmer, und ein großer Balkon bietet eine grandiose Aussicht auf die Oberstdorfer und Tannheimer Bergwelt. Das Appartement „Adlerhorst" oder „Die Obere Stube" bieten mit 5 Sternen den höchsten Komfort für Feriengäste. Die Wohnungen sind mit Vollholzmöbeln aus der Region eingerichtet und liebevoll mit hochwertigsten Materialien ausgebaut. Die Küchen sind mit allen modernen Küchengeräten ausgestattet und ein

Brötchenservice am Morgen sorgt dafür, dass der Tag – bei gutem Wetter auf dem Balkon – mit einem Biofrühstück beginnen kann. Denn die Milch kommt von den hofeigenen Kühen, die Eier von frei laufenden Hühnern, die mit Bergkräutern gefüttert werden und der Honig von den Imkern der Region. Bei geselligen Grillabenden können die Gäste die Biofleisch- und Wurstspezialitäten der Region probieren.

Die Wohnungen sind mit Bettwäsche und Handtüchern ausgestattet und die Endreinigung ist inklusive.

Aktivitäten rund um den Bio-Ferienhof Schöller

Schon von der Ferienwohnung des Hofes lassen sich die bildschönen Araber auf ihren Weiden beobachten. Wer selbst auf dem Rücken der Pferde die Bergwelt genießen möchte, sollte eine Reitstunde buchen. Für Kinder ab 3 Jahren gibt es Ponyreitstunden, bei denen eine ausgebildete Reittherapeutin spielerisch den Kindern beibringt, was beim Umgang mit den Pferden zu beachten ist. Die Kleinen dürfen putzen, streicheln, führen und – wer sich traut – auch ein paar Runden reiten. Das alles ist gratis. Unbezahlbar ist für die Kinder das positive Erlebnis des angstfreien Reitenlernens.

Kutschfahrten mit Opa Bene sind für Jung und Alt ein besonderes Erlebnis. Im Sommer geht es hinaus über die Talwege und im Winter mit dem Schlitten durch tief verschneite, romantische Wälder. Der Senior des Hofes kennt noch die Geschichten von früher, als das Leben im Allgäu sehr hart und entbehrungsreich war und man sich vor dem Kachelofen manche Schauergeschichten erzählte. Die Märchentradition der Gegend wird auch auf dem Hof der Familie Schöll bewahrt. Jeden Dienstagnachmittag kommt Märchenfee „Julia" in die Märchenhütte des Hofes und erzählt spannende Märchen aus der ganzen Welt, während die kleinen Zuhörer, eingekuschelt in Lammfelle und Decken, ihr gebannt lauschen. Und nirgendwo sonst in Bayern kann man spüren, dass die Welt der Schlösser und Könige, der geheimnisvollen Wälder und der versteckten Schatzkistchen noch so lebendig ist wie im Allgäu. Wer lernen möchte, wie junge Königssöhne oder -töchter auf die Jagd gingen, der kann auf dem Ferienhof sogar das Bogenschießen lernen.

Action und Entspannung erlebt man auf dem Bio-Ferienhof Schöll in einem friedlichen Miteinander. Adrenalin pur gibt es beim Canyoning. Mit einem Guide aus dem Ort durchquert man reißende Wildbäche und tiefe Schluchten. Bei den anspruchsvolleren Touren sollte man sich trauen, sich 25 Meter durch Wasserfälle abzuseilen und 10 Meter Sprünge von Felsvorsprüngen zu wagen.

Wer es lieber etwas ruhiger mag, muss sich gar nicht vom Hof wegbewegen. Denn Gesundheit und Wohlfühlen ist auf dem Hof Programm. Anneliese Schöll bietet ihren Gästen eine Wärmekabine mit Massagen, Krankengymnastik, heiße Rollen, Aromaölmassagen, Fußpflege und Klang- und Wellnessmassagen für die perfekte Entspannung.

Was tun bei schlechtem Wetter?

- Schlossbesichtigung „Neuschwanstein“
  Ein Ausflug zu den Königsschlössern des Märchenkönigs Ludwig II. Schloss Neuschwanstein oder Schloss Hohenschwangau sind circa 50 Kilometer vom Bio-Ferienhof Schöll entfernt.
  Schlossverwaltung Neuschwanstein
  Neuschwansteinstraße 20, 87645 Hohenschwangau
  Telefon 08362-93988-0, Infoline 08362-93988-77
  Telefax 08362-93988-19, svneuschwanstein@bsv.bayern.de

- Sennereibesichtigung
  In den umliegenden Orten können mehrere Sennereien besichtigt werden:
  Sennerei Gunzesried:
  Führungen nach Vereinbarung, Telefon 08321-84109
  Sennerei Untermaiselstein: Telefon 08327-7632
  Sennerei Hüttenberg: Führungen donnerstags 10.00 Uhr, Telefon 08321-65454

Geheimtipp des Bauernhoftesters Gert Schickling:

„Das Bogenschießen beeindruckt mich besonders. Es ist faszinierend, dass auf Höfen wie dem Bio-Ferienhof Schöll mehr geboten wird als in gehobenen Sporthotels.“

Sonnenstatterhof
am Schliersee

Besonders geeignet für Ruhesuchende und Genießer

Sonnenstatterhof
Familie Hirtreiter
Schießstättstraße 7
83727 Schliersee
Telefon 08026-20011
Telefax 08026-94568
info@biohof-sonnenstatter.de
www.biohof-sonnenstatter.de

Der Schliersee liegt etwa 50 Kilometer südöstlich von München, zwischen Tegernseer- und Inntal, nahe der österreichischen Grenze in den Bayerischen Voralpen. Inmitten dieser alpinen Landschaft liegt der Bauernhof „Sonnenstatter" der Familie Hirtreiter.

„In den letzten Jahrzehnten haben wir festgestellt, dass viele Kinder unserer Gäste kaum mehr Kenntnisse von Nutztieren und ebenso wenig von der Entstehung täglicher Lebensmittel haben. Das brachte uns eigentlich ganz von selbst darauf, unseren Gästen und ihren Kindern das Leben auf dem Lande und den Wert der landwirtschaftlichen Produkte näherzubringen. Besonders in den Ferienzeiten helfen manchmal 10 und mehr Kinder bei der Stallarbeit und auch zum Grasholen finden sich meist ein paar „Beifahrer". Viele Großeltern entdecken hier auch wieder ihre Wurzeln und berichten ihren Enkeln gerne von Kindheitserinnerungen und zeigen ihnen, was früher für sie ganz selbstverständlich war", sagen die Hirtreiters.

Appartements und Zimmer

Der Sonnenstatterhof verfügt über drei sehr liebevoll eingerichtete Wohnungen mit drei oder vier Sternen, teils mit Terrasse, teils mit Balkon, jeweils mit herrlichem Blick auf das Dorf, die Berge und den See. Die 3-Sterne-Wohnung „Gindelalm" befindet sich im 1. OG. auf 60 qm und ist ideal für 4-5 Personen geeignet. Das untere Doppelschlafzimmer ist abgeschlossen. Auf der Galerie befinden sich ein abgeschlossenes Einzelschlafzimmer und ein zum Wohnzimmer hin offenes Doppelschlafzimmer. Der geräumige Wohnraum ist mit traditionellen und teilweise antiquarischen Stilmöbeln eingerichtet und verfügt über eine Küchenzeile. Die hochwertige Küche ist mit Ceranfeld, Dunstabzug und Backofen ausgestattet. Das große, geräumige Badezimmer hat eine Echtglas-Dusche, ein WC und bietet durch handgefertigte Schreinermöbel viel Ablagefläche. Für besonders viel Ausblick und Erholung sorgt der auf drei Seiten umlaufende Balkon. Zusätzlich stehen Kabel-TV, Telefon, Hi Fi Gerät und WLAN bereit.

Für besonders naturverbundene Gäste haben die Hirtreiters eine entlegene Almhütte zu vermieten. Hier finden die Urlauber fernab vom örtlichen Trubel Ruhe und Einsamkeit. Romantischer geht es kaum. Die Hütte erreicht man nach einer 15 minütigen Wanderung über einen Bergweg. In der Hütte findet sich Platz für maximal 5 Personen. Im Obergeschoss sind 2 Schlafzimmer und ein WC, im Erdgeschoss befindet sich die Küche, eine große Stube, 2 Holzöfen und ein weiteres WC. Im Keller ist ein Badezimmer mit Dusche. Ohne TV und Telefon ist das sicher ein unvergessliches Erlebnis für Abenteuerfreunde und Individualisten. „Aber keine Sorge, es gibt dort oben zumindest Handyempfang, falls jemand ohne die Zivilisation gar nicht auskommen mag", sagt Bauer Kaspar Hirtreiter.

Im Preis sind folgende Leistungen enthalten: Handtücher, Geschirrtücher und Bettwäsche, Strom und Brennholz zum selber „Einfeuern" und der Gepäcktransport mit dem Traktor. „Wir hatten schon Gäste, die hätten am liebsten einen ganzen Sommer hier verbracht", sagen die Hirtreiters und das glaubt man ihnen sofort.

Größten Wert legt Familie Hirtreiter darauf, dass es den Gästen an nichts fehlt. So gibt es auch ein reichhaltiges Frühstücksbuffet. Zum größten Teil besteht es aus selbsterzeugten Produkten der hofeigenen Landwirtschaft. Noch warm kommt die Milch der Kühe gleich nach dem Melken in die Zentrifuge und wird „separiert“ – ungefähr 10 % wertvoller Rahm (Sahne) wird so gewonnen – 90 % Magermilch teilen sich Kälber und Schweine. Ein bisschen Sahne gibt´s in den Kaffee, aber aus der Hauptmenge wird goldgelbe Sonnenstatter Butter gemacht. Joghurt, Topfen (Quark), Mozzarella und Molke sind neben Voll- und Buttermilch die Erzeugnisse der Kühe. Die Hühner tun ihr Bestes, um Familie Hirtreiter und ihre Gäste täglich mit genügend frischen Eiern zu versorgen. Schinken und Wurst werden zum großen Teil vom Hausmetzger aus dem Fleisch der Tiere hergestellt. Bioqualität ist für Familie Hirtreiter selbstverständlich. Wo die Gäste frühstücken möchten, das kann jeder selbst entscheiden: im Sommer im Garten, auf der Terrasse vor dem Haus, auf dem Balkon und im Winter in der Ferienwohnung oder in der Frühstücksstube mit Kaminfeuer. Für Therese Hirtreiter macht diese Gemütlichkeit den Charme auf ihrem Hof aus: „A bisserl eng geht´s manchmal schon zu, so wie´s halt früher war, reden muss man am frühen Morgen mit den Tischnachbarn und den Wirtsleuten und freuen darf man sich, dass nicht alles so modern, fein und geschniegelt zugeht – sondern zünftig, und ein bisserl urig.“

Aktivitäten rund um den Sonnenstatterhof

Die tierischen Lieblinge auf dem Hof sind eindeutig die Süddeutschen Kaltblutpferde. Die Kaltblüter sind keine Kuscheltiere, sie sind die bäuerlichen Arbeitspferde der Region und

werden auch heute noch im Herbst und Winter im Wald eingesetzt. Sie ziehen im ausdauernden Trab die Kutschen und Schlitten, in denen die Hirtreiters die Gäste spazieren fahren. Den Höhepunkt des Sonnenstatter Pferdejahres bildet jedoch die Leonhardifahrt im November. Diese Wallfahrt zum Schutzpatron der Pferde und eigentlich des ganzen Viehs ist das Großereignis für alle Pferdeliebhaber im schönen Oberbayern. Die Bergwelt rund um den Sonnenstatterhof lässt sich zu Fuß, zu Pferd, mit dem Fahrrad oder im Winter mit dem Schlitten wunderbar erkunden.

So bietet sich eine Wanderung zum Spitzingsee an, der etwa fünf Kilometer südlich des Schliersees liegt und wenige hundert Meter südlich des Spitzingsattels auf 1.084 m Höhe. Im Winter gibt es dort Skilifte und für Kinder einen Märchenwald, der sich auf Skiern erkunden lässt. Familie Hirtreiter gibt Ihnen wertvolle Tipps, was Sie in der Gegend unbedingt gesehen haben müssen.

Was tun bei schlechtem Wetter?

- Im Museum des bekannten Skirennläufers Markus Wasmeier, am Südufer des Schliersees, nahe des Bahnhofs Neuhaus-Fischhausen, sind auf rund 60.000 Quadratmetern zehn historische Gebäude mit vier Höfen aus dem Oberland detailgetreu wieder aufgebaut. In diesen wird das bäuerliche Leben des 18. Jahrhunderts zum Leben erweckt. Der Besucher begibt sich bei der Besichtigung auf eine Reise in frühere Jahrhunderte. Regelmäßig finden dort kulturelle Veranstaltungen statt.
  Markus Wasmeier Freilichtmuseum Schliersee
  Brunnbichl 5, 83727 Schliersee/Neuhaus
  Telefon 08026-929220, Telefax 08026-9292229
  office@wasmeier.de

- Schlierseer Bauerntheater
  Das Schlierseer Bauerntheater ist bei Einheimischen und Gästen gleichermaßen beliebt. Die Inszenierungen der

Spielleiterin Elisabeth Oberhorner sind meist ausverkauft. Deshalb sollte man sich rechtzeitig Tickets sichern.
Veranstaltungsort: Schlierseer Bauerntheater
Xaver-Terofal-Platz 1, 83727 Schliersee
Kontakt: Schlierseer, Bauerntheater e.V.
Seestr. 4, 83727 Schliersee, Telefon 08026-2110
oder nutzen Sie unser Kontaktformular.

- Aquarellmalkurse
  Für alle, die mit dem Malen beginnen oder ihre Kenntnisse in der Malschule im Künstlerhaus vertiefen möchten, bietet Alexander Huber Aquarellmalkurse an. Das Gelernte kann man bei schönem Wetter dann natürlich in der Natur ausprobieren.
  Veranstaltungsort: Malschule im Künstlerhaus
  Im oberen Ficht 18 a, 83708 Weißach
  Kontakt: Alexander Huber
  Im oberen Ficht 18 a, 83700 Weißach
  Telefon 08022-271177 oder 0171-3008030

Geheimtipp des Bauernhoftesters Gert Schickling:

„Der selbstgemachte Mozzarella ist fantastisch. Lassen Sie sich das Rezept geben!"

Der Thalhauser Hof
in Niederbayern

Besonders geeignet für Ruhesuchende und Radfahrer

Thalhauser Hof
Theresia und Rudi Zauner
Thalhausen 3
94424 Arnstorf
Telefon 08723-3704
Telefax 08723-979957
zauner.rudolf@freemail.de
www.thalhauser-hof.de

Tief in Niederbayern, im Dreieck zwischen Landau, Vilshofen und Eggenfelden, liegt der Markt Arnstorf. Keine Autobahn führt hier vorbei und keine Bundesstraße durch Arnstorf hindurch. Beschaulicher und ruhiger kann das Leben nirgends sein als hier, möchte man meinen.

Touristenmassen und Reisebusse sieht man hier selten, einzelne Kulturinteressierte lockt das Obere Schloss von Arnstorf. Ein ehemaliges Wasserschloss, geheimnisvoll versteckt hinter einer Schlossmauer und alten Bäumen, in dem seit 150 Jahren die Grafen Deym residieren. Nach außen hin wirkt der Bau bescheiden und lässt nicht ahnen, dass sich in seinem Inneren einer der prächtigsten spätbarocken Räume findet, die das alte Bayern kennt, der sogenannte Kaisersaal.

Was für das Schloss gilt, gilt auch für die Gegend. Vieles scheint hier im Dornröschenschlaf zu liegen und die wahren Schönheiten erkennt der Besucher erst beim genauen Hinsehen. So geht es auch dem Thalhauser Hof – ein wahres Kleinod der Ferienbauernhöfe. Der idyllisch gelegene denkmalge-

schützte Bauernhof der Familie Zauner liegt in einem kleinen Tal, umgeben von Wald und Wiesen. Der voll bewirtschaftete Bauernhof abseits von vielbefahrenen Straßen ist ideal für Kinder und Ruhesuchende.

Appartements und Zimmer

Das unter Denkmalschutz stehende 250 Jahre alte Haus ließ Familie Zauner an anderer Stelle abbauen und in Arnstorf Balken für Balken wieder aufbauen. Damit konnte das Haus, das vom Abriss bedroht war, gerettet werden. Den Getreidekasten errichtete die Familie nach alten Vorbildern 2005 in ökologischer Bauweise, dazu verwendeten sie Holz aus dem eigenen Garten, Ziegel, Lehm und Flachs.

Wem die Wohnungen von außen schon atemberaubend schön erscheinen, der sollte sich erst mal im Inneren umsehen. Die Ferienwohnungen im Rottaler Stil sind mit 4 Sternen ausgezeichnet und erfüllen höchste Ansprüche. Das Bauernhaus hat 105 Quadratmeter mit zwei Schlafzimmern und einer gemütlichen Wohnküche mit sämtlichen modernen Küchengeräten und Essgeschirr für bis zu acht Personen. In der Wohnstube steht ein bequemes Schlafsofa mit Sessel und

Stubn

Fußschemel und auf Wunsch kann eine Babyschaukel ausgeliehen werden. Das helle, moderne Bad ist mit Dusche und WC ausgestattet.

Der Getreidekasten ist sage und schreibe 110 Quadratmeter groß. Hier ist Platz für zwei Schlafzimmer und ein Vierbettzimmer. Es gibt sogar zwei Bäder mit Dusche und WC. Die Wohnung ist also ideal für eine große Familie oder befreundete Paare. Die Einrichtung ist traditionell und freundlich gehalten. Familien Zauner möchte, dass die Feriengäste die Natur unmittelbar vor der Haustür genießen können. Aus diesem Grund haben die Wohnungen eine große Holzterrasse mit Grill und zusätzlich einen Südbalkon. Damit es auch bei kühlerem Wetter gemütlich bleibt, haben die Wohnungen eine Wandheizung und im Getreidekasten steht ein imposanter Kachelofen. Für die Zauners ist für die Gäste das Beste gerade gut genug: „Wir haben den Hof in liebevoller Arbeit hergerichtet und bewahrt, wir möchten einfach andere an unserem Glück teilhaben lassen."

Aktivitäten rund um den Thalhauser Hof

Der Thalhauser Hof wird noch voll bewirtschaftet. Jeden Tag müssen die Kälber, Hasen, Hund, Katzen, zwei Schweine und zwei Ponys versorgt werden. Der Hof hat einen eigenen Weiher, in dem die Gäste schwimmen, mit dem Schlauchboot fahren oder Karpfen angeln können. Mit dem Fahrrad sind außerdem weitere Badeseen und Freibäder in der Gegend leicht zu erreichen. Familie Zauner gibt gerne Tipps zu den beliebtesten Plätzchen der Einheimischen.

Auch bei schlechtem Wetter lässt die Spielscheune mit Riesentrampolin, Tischtennis und Kickerkasten keine Langeweile aufkommen. Der Thalhauser Hof ist ein wahres Wander- und

Radlerparadies. Ins Dorf Mariakirchen sind es nur ein paar Kilometer, die auch ungeübte Radler entspannt schaffen. Durchs Kollbachtal führen längere Radlstrecken, die besser Trainierte gerne nutzen. Weitere Sportangebote gibt es in der näheren Umgebung. In Bad Birnbach können erfahrene Golfer eine 18-Loch Runde spielen, aber auch blutige Anfänger sind auf dem Golfplatz willkommen, denn der Golfclub bietet Schnupperkurse für Gäste auf einem landschaftlich reizvollen Grün.

Nach dem Sport möchten manche gerne einkehren und sich einfach verwöhnen lassen, und das kann man nirgendwo besser als auf dem Thalhauser Hof selbst.

Wer gerne die köstliche Rottaler Küche kennenlernen möchte, hat dazu im hofeigenen Gewölbe Gelegenheit. Der Thalhauser Hof betreibt nämlich ein eigenes Wirtshaus, in dem sich wunderbar Familienfeiern oder Betriebsfeiern mit bis zu 85 Personen feiern lassen. Im Sommer besteht außerdem die Möglichkeit, in dem angenehm schattigen, ruhigen und kindersicheren Biergarten zu sitzen. Mit Blick auf den einmalig schön angelegten Bauerngarten von Theresia Zauner, in dem Blumen und Kräuter für ein Duftwunder sorgen.

Die Gerichte der Zauners sind bayerisch deftig und aus besten Zutaten. Das Rindfleisch kommt aus dem eigenen Stall und wenn der Opa auf die Jagd geht, kommt er mit Reh, Hirsch oder Wildschwein zurück und Theresia Zauner bereitet daraus Rehmedaillons oder Wildschweinbraten mit Knödel, Wacholdersoße und Preiselbeeren. Die Feriengäste können in ihren Wohnungen selbst kochen, sie müssen es aber nicht. Das sorgt für Entspannung, wenn man im Urlaub mal auf die Hausarbeit ganz verzichten will. Zum Nachmittagskaffee gibt es leckere Kuchen, die meist mit dem belegt sind, was der Obstgarten zur jeweiligen Jahreszeit hergibt. Rhabarber- und Erdbeerkuchen im Frühjahr, Kirschkuchen im Sommer und Apfel- und Zwetschgenkuchen im Herbst. Außerdem ist der Thalhauser Hof weithin für seinen Holundersirup und die Fruchtbowlen bekannt. Und wer

abends auf der eigenen Terrasse einfach nur Brotzeit machen will, kann das mit Käse und Brot aus eigener Herstellung machen. „Wir haben das Glück, dass wir mit unserem Beruf genau das erreichen, was andere lange suchen. Wir sehen jeden Tag in glückliche und zufriedene Gesichter“, sagt Rudi Zauner.

Was tun bei schlechtem Wetter?

- Freilichtmuseum Finsterau und Massing
  Versteckt hinter den Wäldern und Bergen des Nationalparks, dicht an der böhmischen Grenze, hat die Vergangenheit ein Reservat gefunden: das Freilichtmuseum Finsterau. Aus dem ganzen Bayerischen Wald sind hierher Bauernhäuser, vollständige Höfe, eine Dorfschmiede und ein Straßenwirtshaus versammelt worden.
  Freilichtmuseum Massing
  Steinbüchl 5, 84323 Massing
  Telefon 08724-96030, Telefax 08724-960366
  www.freilichtmuseum.de

- Bierseminar im Schlossbräu Mariakirchen
  Braumeister Patrick Mengelkamp weiht im Schlossbräu Mariakirchen die Seminarteilnehmer in die Geheimnisse des Bierbrauens ein. Er zeigt, wie nach dem bayerischen Reinheitsgebot aus Hopfen und Malz ein naturtrübes Bier entsteht.
  Schloss Mariakirchen
  Obere Hofmark 3, 94424 Arnstorf-Mariakirchen
  Telefon 08723-978899, Telefax 08723-978898
  info@schloss-mariakirchen.de, www.schloss-mariakirchen.de

- Sternwarte Wurmannsquick
  Die Sternenfreunde von Wurmannsquick betreiben vor den Toren des Ortes eine Sternwarte. Hier können sich Besucher im Rahmen der „Rott- und Inntaler Spaziergänge“ an jedem 1. Freitag im Monat die Schönheiten und Geheimnisse des Universums von engagierten Hobby-Astronomen ein Stück näherbringen lassen.
  Sternwarte Wurmannsquick
  Strasshäuser, 84329 Wurmannsquick
  sternwarte.wurmannsquick@web.de
  www.sternenfreunde.jimdo.com

Geheimtipp des Bauernhoftesters Gert Schickling:

„Lassen Sie sich von der Familie die alten Fotos vom Hof zeigen. Sie werden staunen, was die Zauners alles bewegt haben. Ich war selten so beeindruckt.“

Der Weberhof
in Waging am See

Besonders geeignet für Sportler und Naturliebhaber

Weberhof – Waging am See
Familie Barmbichler
Kirchberg 11
83329 Waging am See
Telefon 08681-9270
info@weberhof-waging.de
www.weberhof-waging.de

Im malerischen Gaden, einem 1.000 Jahre alten Dorf am Waginger See in der Region Chiemgau, können vor allem Sportbegeisterte und Naturliebhaber einen erholsamen Urlaub verbringen.

Appartements und Zimmer

Bereits seit über 60 Jahren, inzwischen in der 3. Generation, bietet die Familie Barmbichler auf dem Weberhof höchsten Komfort und Gemütlichkeit für ihre Feriengäste. „Jungbauer" Florian Barmbichler hat die sieben Appartements, die vom Bauernhoftester mit 3, 4 und 5 Sternen ausgezeichnet wurden, liebevoll restauriert. Dabei hat er mit alten Eichen- und Tannenbalken und dezenten Farben den ländlichen Charme erhalten und trotzdem die Innenausstattung auf modernstes Niveau gebracht. „Ich lege mein ganzes Herzblut rein, damit sich die Erholungssuchenden bei uns wohl fühlen", so der junge Gastgeber. Und er hält sein Versprechen.

Das Herzstück des Weberhofs ist die 60 Quadratmeter große Ferienwohnung Nummer 3 im Hauptgebäude. Die lichtdurchflutete Südwohnung bietet 5-Sterne-Niveau mit offener Küche, Wohn-Esszimmer, Schlafzimmer und Wohlfühlbad. Der Blick aus dem Schlafzimmer fällt auf die erst kürzlich renovierte Dorfkirche von Gaden. „Langschläfer müssen keine Sorge haben, die Glocken werden nicht geläutet“, so die Information auf der Homepage. Das Badezimmer ist mit einer Badewanne und Dusche, zwei Waschbecken und einem WC ausgestattet. Im Wohnzimmer steht eine sehr geschmackvolle, ausziehbare Eckcouch, auf der zwei Erwachsene problemlos schlafen können. Damit ist die Wohnung ideal für 2-4 Personen. SAT-TV, CD-Player und WLAN sorgen dafür, dass man auf dem Weberhof technisch bestens versorgt ist. Alle Appartements des Hofes wurden vom Bauernhoftester Gerd Schickling mit exzellenter Sauberkeit bewertet.

Appartement Nummer 3

Hofeigenes Seegrundstück mit Liegewiese für Gäste

Aktivitäten rund um den Weberhof

„Fit und gesund in der Natur“ scheint das Motto des Weberhofes zu sein. Der Hof bietet einen hauseigenen Strand am Waginger See, der als wärmster See Oberbayerns gilt. Auf dem gepflegten Seegrundstück kann man in einer Hängematte schaukeln oder sein Handtuch auf der Liegewiese ausbreiten. Ruhe und Erholung sind garantiert. Und dann wäre da noch das Ruderboot, das Florian Barmbichler, nach einer kurzen Einführung im Rudern, den Gästen kostenlos zur Verfügung stellt. „Wer einmal mit dem Ruderboot auf unserem Waginger See war, der weiß, was echte Entspannung bedeutet. Es gibt meiner Meinung nach keinen friedlicheren Ort“, so der passionierte Angler Florian Barmbichler.

Die Natur rund um den Waginger See lässt sich am besten auf dem Fahrrad erkunden. Familie Barmbichler überlässt den Gästen Fahrräder, mit denen man ausgedehnte Radtouren auf dem nahe gelegenen Mozart-Radweg unternehmen

oder gemütlich den Waginger See umrunden kann, vorbei an bayerischen Kapellen, gemütlichen Biergärten und malerischen Bauernhöfen. Wer es sportlicher mag, kann den Hausherrn auch nach einer geführten Mountainbiketour fragen. Florians Mutter, Hedwig Barmbichler, nimmt interessierte Gäste auf Bergtouren zum nahe gelegenen Teisenberg mit. „Ich bringe unseren Gästen gerne die Natur näher und bei einer gemeinsamen Wanderung sind schon richtige Freundschaften zu unseren Hausgästen entstanden."

Neben Schwimmen, Rudern, Fahrradfahren und Wandern gibt es noch zahlreiche andere Sportmöglichkeiten. In 10 Gehminuten Entfernung befinden sich Tennisplätze (Außenplätze und Hallenplätze) mit einem angegliederten Wellnessgarten. Außerdem verfügt Waging über eine Surfschule sowie über die Golfschule von Rainer Barf, in der auch Anfänger Schnupperkurse machen und innerhalb von einer Woche die Platzreife ablegen können. Im 4 Kilometer entfernten Nachbarort Petting leitet Daniela Mayer eine Reitschule, die Anfängern und Fortgeschrittenen erstklassigen Reitunterricht anbietet (www.reiten-seehof.de). Die geführten Ausritte führen durch das sanft hügelige Gelände, durch Schatten spendende Wälder und von jeder Anhöhe aus hat der Reiter einen atemberaubenden Blick auf die bayerischen und österreichischen Alpen.

Auch kulinarisch hat Waging einiges zu bieten. Immerhin hatte Alfons Schubeck hier sein erstes Restaurant. Diesem Erbe fühlt sich das Dorf verpflichtet und bietet von bayerischer, österreichischer, italienischer und vegetarischer Küche alles, um den Urlauber zu verwöhnen. Selbstverständlich kann man sich aber in den voll ausgestatteten Küchen der Ferienwohnungen sehr gut selbst versorgen und in Waging am See heimische Produkte wie Fische, Gemüse und Milchprodukte frisch einkaufen. Der Weberhof bietet seinen Gästen einen Brötchenservice für das Frühstück an. Sehr zu empfehlen ist aber auch das Landfrühstück mit heimischen Produkten oder das Weißwurstfrühstück im Frühstücksraum, das Hedwig Barmbichler nach den Wünschen der Gäste zubereitet. Derart gestärkt lässt sich die Natur rund um den Weberhof erkunden oder man setzt sich einfach gemütlich in den Strandkorb im Obstgarten, schaukelt in der Hängematte und beobachtet die Wildtiere und Vögel des nahe gelegenen Waldes. Nutztiere hat der Weberhof nicht, da der Hof schon immer mehr auf Holzwirtschaft ausgerichtet war. Damit ist der Hof aber auch sehr gut für Allergiker geeignet.

Was tun bei schlechtem Wetter?

- Ein Besuch im Bajuwarenmuseum von Waging am See bietet Einblicke in die Geschichte der Region.
  Bajuwarenmuseum
  Salzburger Straße 32
  83329 Waging am See
  Telefon 08681-45870
  www.bajuwarenhaus-waging.de

- Aufwärmen und Enstpannen mit Wellnessmassagen, Sauna und Kosmetikbehandlungen im Wellnessgarten.
  Angerpoint 5, 83329 Waging
  Tel. 08681-9845
  www.wellness-waging.de

- Eine Städtetour ins nahe gelegene Salzburg

Geheimtipp des Bauernhoftesters Gert Schickling:

„Fragen Sie doch Florian Barmbichler, ob er Sie in den frühen Morgenstunden oder in der Abenddämmerung mit zum Angeln nimmt. Für mich war das ein unvergessliches Erlebnis."

Webermohof

Rottach-Egern

Besonders geeignet für Bergsportler und Wanderer

Webermohof
Ludwig-Thoma-Straße 38
83700 Rottach-Egern
Telefon 08022-6485
Telefax 08022-24537
info@webermohof.de
www.gaestehaus-stadler-webermohof.de oder
www.webermohof.de

Am Südufer des Tegernsees liegt malerisch vor einer imposanten Bergkulisse der Nobelort Rottach-Egern. In der prachtvollen Seestraße, der Flaniermeile Rottach-Egerns, finden sich elegante Hotels, erstklassige Restaurants, edle Boutiquen sowie exklusive Wellness- und Schönheitssalons. Sie alle sind Ausdruck eines gehobenen Lifestyles in dem kleinen Nobelurlaubsort, der auch viele Promis anzieht.

Die beiden markantesten Wahrzeichen des Ortes, der Malerwinkel in der Egerner Bucht, der schon Maler, Dichter und Komponisten für ihre Werke inspirierte und der Tegernseer Hausberg, der über 1.700 Meter hohe Wallberg, laden zu ausgiebigen Spaziergängen und anspruchsvollen Wandertouren ein.

Auch ist der Wallberg beliebter Startpunkt von Paragli-dern, die die günstige Windlage am Tegernsee nutzen. Schlittenfahrer und Rodler gelangen hier am Wallberg auf Deutschlands längster Naturrodelbahn mit über 6 km Länge, die mit einer Bergbahn erreichbar ist, rasant ins Tal. Das ursprüngliche bäuerliche Leben hat in Rottach-Egern auch seinen Platz, so findet im Spätherbst traditionell der Almabtrieb statt. Am letzten Sonntag im August wird jährlich der Rosstag zelebriert, bei dem festlich geschmückte Kutschen, Rösser und Reiter durch den Ort ziehen. Am Rande dieses idyllischen Ortes liegt der Webermohof der Familie Stadler.

Appartements und Zimmer

4-Sterne Appartement „Bodenschneid"

Der Webermohof hat vier Appartements und Doppelzimmer, die mit bis zu vier Sternen ausgezeichnet sind. Die Größe der Zimmer ist für 2-5 Personen geeignet. Die Möblierung ist in hellem Holz in einem modernen, oberbayerischen Stil ge-

halten und bietet alles, was Selbstversorger sich im Urlaub wünschen. Für die Bauern ist mit ihrem Webermohof selbst noch einmal ein Lebenstraum in Erfüllung gegangen. So Sepp Stadler: „Genuss ist bei uns nicht nur ein Wort. Genuss ist eine Lebensphilosophie in unserem Familienunternehmen. Als wir, Anastasia und Sepp Stadler, den Entschluss fassten, noch einmal zu bauen, holten wir unsere Kinder Sophie, Josef und Ludwig ins Boot. Gemeinsam haben wir geplant, gesucht und durchdacht. Herausgekommen ist unser lichtdurchflutetes Kleinod, von heimischen Handwerkern von der Fußbodenheizung bis zum Schlafzimmer detailreich eingerichtet. Ein gläserner Aufzug bringt Sie direkt in Ihre Traumwohnung."

Die Wohnungen haben zwei getrennte Schlafzimmer mit jeweils zwei Betten. Das gemütliche Wohnzimmer hat eine Sitzecke, Kabelfernsehen, ein Radio und einen CD-Player. Das große moderne Bad hat eine Dusche mit WC. Die Badehandtücher werden regelmäßig gewechselt und das Bad täg-

lich (außer sonntags) tipptopp geputzt. Wer gerne einen Bademantel hätte, kann das bei der Reservierung vermerken. Kleine Gäste sind ebenfalls willkommen und auf Wunsch gibt es ein Kinderbett, einen Hochstuhl oder eine Wickelauflage. Die größeren Kinder dürfen frühmorgens mit in den Stall und können sehen, von welcher Kuh ihre Frühstücksmilch kommt und wie ein Müsli frisch gemacht wird oder sie erfrischen sich mit einem Glas Wasser aus der eigenen Hofquelle. Bäuerin Anastasia Stadler liebt die Morgenstunden auf ihrem Hof: „Wenn die ersten Strahlen der über dem Wallberg aufgehenden Sonne Sie wecken, wenn es nach frischem, extra für Sie aufgebrühtem Kaffee riecht, wenn die Spatzen auf den Dächern Sie Willkommen heißen – dann sind Sie angekommen."

Zum Spielen und Toben gibt es ein Klettergerüst, einen Sandkasten und eine Tischtennisplatte. Fernab vom Verkehr können die Kinder entspannt den Hof erkunden, im Obstgarten Versteck spielen und immer wieder etwas Neues entdecken. Da jede Wohnung einen sonnigen Balkon hat, lässt sich

die gesunde Tegernseer Bergluft und die Ruhe auch von der eigenen Ferienwohnung aus genießen. Abends erwartet die Gäste ein knisternder Kachelofen in der Bauernstube, wo es eine zünftige Brotzeit gibt oder man in einem Buch aus der Hofbibliothek schmökern kann.

Eine wunderschöne Besonderheit auf dem Hof ist das alleinstehende Almhaus mitten im Landschaftsschutzgebiet Tegernsee-Spitzingsee, eine traumhafte Unterkunft für 2-9 Personen, die man rechtzeitig im Jahr buchen sollte.

Das Almhaus ist rundum mit Fichtenholz aus dem eigenen Wald saniert und die Einrichtung wurde in gehobener Qualität von einheimischen Schreinern und Handwerkern maßgefertigt. Zwei separate Badezimmer mit Dusche/WC/Föhn und Fußbodenheizung erwarten die Gäste. Zwei getrennte Schlafzimmer mit vier und fünf Betten liegen in der 1. Etage. Im Almhaus atmen Allergiker durch – mit speziellen Matratzen und Betten – deshalb sind keine Haustiere erlaubt. Ein separates Ankleidezimmer bietet für alle viel Platz. Geschirrspüler, Waschmaschine, Kachelofen, Flachbildschirm und Grillplatz.

Es ist alles vorhanden, was das Urlauberherz begehrt! Familie Stadler weiß, dass die Lage ihres Hofes einmalig ist:

„Am großzügigen Garten entlang schlängelt sich der Hafelbach, perfekt, um die Füße nach einer ausgiebigen Bergtour abzukühlen. Von hier aus oder von Ihrer Terrasse oder Balkon können Sie Ihre nächste Bergtour planen, denn Sie genießen einen 360°-Blick direkt in die Tegernseer Bergwelt."

Im Garten in einer Höhe von 1.000 Metern, fernab jeder Hektik, gibt es nicht nur den Hafelbach, sondern außerdem einen Jacuzzi. Besser kann man nicht entspannen!

Das Ferienhaus erreicht man mit dem Auto bequem über die Sutten-Mautstraße, die für die Gäste mautfrei zu benutzen ist. Der Parkplatz liegt (auch im Winter) direkt am Almhaus. Die „Hütte" ist damit idealer Ausgangspunkt für Wanderungen, Mountainbiketouren, Langlauf- oder Skitouren im Suttengebiet. Zur Bergbahn und dem schneesicheren, familienfreundlichen Skigebiet Spitzingsee-Tegernsee sind es 300 Meter und mit den Skiern kann man direkt bis zum Almhaus

zurückfahren. Für die Sportgeräte steht ein separater, abschließbarer Raum zur Verfügung.

Nur wenige Gehminuten vom Hof entfernt findet man das Schlitten-, Kutschen- und Wagenmuseum. Mit allen Sinnen können Ihre Kinder auf spielerische Art und Weise das Museum erkunden. Neben dem Museum befindet sich eine neue 18-Loch-Minigolf-Anlage – ein Spaß für die ganze Familie und die Möglichkeit zum Ponyreiten. Bekannt ist am Tegernsee die Erlebniswelt des See- und Warmbades mit Wassertemperaturen bis 33 C. Sommer wie Winter findet man Wasser-, Dampf- und Saunaspaß im BadePark Bad Wiessee. Wollen Sie wissen, welche Fische sich im Tegernsee tummeln, dann sollten Sie unbedingt das größte Süßwasser-Aquarium Bayerns in Abwinkl in Bad Wiessee besuchen. Der Eintritt ist kostenfrei.

Angeschnallt wird sich auf dem Oedberg in Gmund: Eine Riesengaudi für die ganze Familie, die neue Sommerrodelbahn. Mit den Skigebieten Schliersee und Spitzingsee in unmittelbarer Nähe ist der Webermohof auch im Winter als Urlaubsunterkunft sehr geeignet.

Aktivitäten rund um den Webermohof

Ob mit Ihrem Tourenrad oder mit dem Mountainbike – die Ferienregion Tegernsee-Schliersee lässt sich wunderbar mit dem Rad erobern. Via Bavarica Tyrolensis – der schönste Radwanderweg durch Oberbayern und Tirol führt durch das Tegernseer Tal. Ein besonderes Reizklima und Natur erlebt man im „Heilklimapark Tegernsee". Ob Sie wandern oder Nordic Walking-Touren machen – für jede Pulsfrequenz ist etwas dabei und bei der heilklimatischen Luftqualität können selbst Allergiker und Asthmatiker tief durchatmen.

Die Berge rund um das Tegernseer Tal sind ideal zum Bergsteigen und bieten einfache bis mittelschwere Routen. Wer lieber im Tal bleibt, genießt rund um den Tegernsee die gepflegten Wanderwegen – ganz entspannt zum Wandern und Walken oder macht einen ausgedehnten Spaziergang an den Seepromenaden. Wellness ist ein wichtiger Faktor in Rottach-

Egern und so kann man bei einigen Nobelhotels einen Tagespass oder Anwendungen buchen oder man besucht die Seesauna in Tegernsee. Dort findet man das einzigartige, historische Saunaschiff „Irmingard“ in einem modernen Sauna- und Wellnessparadies.

Direkt ab dem Webermohof kann man mit einer Pferdekutsche eine unvergessliche Fahrt ins Naturschutzgebiet Weißachau-Kreuth erleben. Die Gemeinde Rottach-Egern ist auf Tourismus eingestellt und bietet den Gästen eine sogenannte TegernseeCard. Mit ihr hat man freie Fahrt mit allen Bussen rund um den Tegernsee und rund 50% Ermäßigung bei über 30 Freizeit- und Naturerlebnissen, Kinder- und Familienangeboten in Museen, Bädern und Gesundheitseinrichtungen.

Was tun bei schlechtem Wetter?

- Kutsch-, Wagen- und Schlittenmuseum im Gsotthaberhof
  Auf 700 qm Ausstellungsfläche in Erd- und Obergeschoss sowie Tenne mit original belassenem Balkenwerk begeben sich die Besucher auf eine Zeitreise in die Vergangenheit. Sie erhalten einen bleibenden Eindruck vom Transportwesen, der Arbeit der Bauern und Holzknechte sowie der Almbewirtschaftung vor der Motorisierung zu Beginn des 20. Jahrhunderts. Dabei wird auch an das Geschick im Umgang mit Pferden und schweren Lasten erinnert.
  Kutschen-, Wagen- und Schlittenmuseum im Gsotthaberhof
  Feldstr. 16, 83700 Rottach-Egern
  Telefon 08022-704438, Telefax 08022-704439

- Olaf Gulbransson Museum
  Der Norweger Olaf Gulbransson (1873-1958) erlangte als Karikaturist der legendären Münchner Satire-Zeitung „Sim-

plicissimus“ internationale Bekanntheit und wurde zu einem der scharfsichtigsten Porträtisten seiner Zeit. 1929 ließ er sich in Tegernsee nieder. Hier schuf er ein Werk von menschlicher und künstlerischer Größe, das zu den Höhepunkten der europäischen Zeichenkunst im 20. Jahrhundert gehört. Das Olaf Gulbransson Museum Tegernsee zeigt eine Auswahl seiner Karikaturen, seine seltenen Ölgemälde sowie eine umfangreiche Sammlung seiner Buchillustrationen.

Olaf Gulbransson Museum
Im Kurgarten 5, 83684 Tegernsee
Telefon 08022-3338, Telefax 08022-8599157
info@olaf-gulbransson-museum.de

Geheimtipp des Bauernhoftesters Gert Schickling:

„Das absolute Highlight war für mich das Almhaus, das Platz für eine Großfamilie hat.“

Weidererhof
im Bayerischen Wald

Besonders geeignet für Aktive

Weidererhof
Johann und
Rosemarie Weiderer
Unterdorf 11
94209 Regen-Schweinhütt
Telefon: 09921-66 01
Telefax: 09921-90 47 08
urlaub@weidererhof.de
www.weidererhof.de

Schweinhütt ist ein Ortsteil der Stadt Regen im Bayerischen Wald, zwischen Regen und der Stadt Zwiesel gelegen. Das Dorf hat 600 Einwohner und besitzt landwirtschaftliches und touristisches Gewerbe. Der Name Schweinhütt wird von einer Sage hergeleitet: Im Mittelalter wurde Schweinhütt durch eine ansässige Wirtin berühmt, die angeblich den Pesttod durch eine List täuschen konnte.

Der Hof liegt inmitten des Nationalparks Bayerischer Wald, dem ältesten Nationalpark Deutschlands. Über 300 km gut markierte Wege laden zu ausgiebigen Wanderungen im Bayerischen Wald ein.

Im Jahr 2000 wurde Schweinhütt beim Wettbewerb „Unser Dorf soll schöner werden“ zum schönsten Dorf Niederbayerns gewählt. Und einer der schönsten Höfe des Dorfes ist ganz sicher der Weidererhof, der weithin für seine Schönheit und seine Attraktionen bekannt ist, sowohl bei Einheimischen als auch bei Gästen.

Appartements und Zimmer

Wer als Gast hierher kommt, der fühlt sich in den Ferienwohnungen garantiert wohl. Der Weidererhof wurde ausgezeichnet mit 5 Sternen sowie 5 Bärchen für einen besonders kinderfreundlichen Bauernhof und im Jahr 2007 wurde der Hof zum DLG-Ferienhof des Jahres. Von seinem hervorragenden Standard hat der Hof in den letzten Jahren nichts eingebüßt.

Der Weidererhof verfügt über 8 sehr gemütlich und hell eingerichtete Ferienwohnungen der gehobenen Kategorie. Die 70 Quadratmeter große Wohnung „Dotterblume“ bietet 5 Personen ausreichend Platz. Wem das zu klein ist, der kann noch ein separates Zimmer für zwei Personen dazu buchen. Damit ist die Wohnung für kinderreiche Familien oder eine Großfa-

milie sehr gut geeignet. Die in Vollholz eingerichtete großzügige Wohnküche hat noch eine Couch und einen gemütlichen Essplatz. Die hochwertige Einbauküche mit Geschirrspüler, Kaffeemaschine, Wasserkocher, Toaster, Eierkocher, E-Herd mit Cerankochfeld, Mikrowelle, Kühlschrank mit Gefrierfach lässt keinen Wunsch offen. Wer in den Ferien aufs Fernsehen nicht verzichten möchte, der hat einen Flachbild SAT-TV in der Wohnküche und ein Radio mit CD-Player.

In der Ferienwohnung „Dotterblume" gibt es zwei separate Schlafzimmer (Elternschlafzimmer mit Doppelbett; Kinderzimmer mit einem Stockbett bestehend aus einem Doppelbett und einem Einzelbett), ein Zustellbett für Kleinkinder ist möglich. Wunderschön ist auch der große Balkon, der um die ganze Wohnung verläuft.

Aktivitäten rund um den Weidererhof

Der Weidererhof ist noch ein echter Bauernhof mit Landwirtschaft und Viehzucht, deshalb gibt es hier auch jede Menge Tierarten, die gefüttert, gestreichelt oder einfach nur beobachtet werden dürfen.

Besonders beliebt sind die Pferde auf dem Hof, denn Familie Weiderer bietet auf den sehr braven Pferden und Ponys geführte Reittouren auch für die Kleinsten an. Für sattelfeste, erfahrene Reiter gehen die Ausritte durch die wilde Natur des Bayerischen Waldes und über Felder und Wiesen. Wer es gemütlicher haben möchte, dem bietet Johann Weiderer eine Kutsch- bzw. im Winter eine Schlittenfahrt an. Die Fahrt mit den Kaltblütern dauert circa eine Stunde.

Cowboy und Indianer ist auch das Thema auf dem Tipiplatz für Kinder. Hier und in der riesigen Spielscheune können die Kleinen ganz in einer Fantasiewelt aufgehen und sich wie im Wilden Westen fühlen. Das ursprüngliche Leben auf

dem Land kennenzulernen ist ein wichtiger Aspekt, den die Kinder erleben dürfen.

Speziell für die kleinen Gäste veranstaltet der Weidererhof in der Saison einmal wöchentlich ein individuelles Kinderprogramm. Zusammen mit Maria Weiderer wird das traditionelle Bauernbrot hergestellt und Butter aus eigener Milch geschlagen. „Die Kinder sind schon stolz, wenn sie ihren Eltern was zeigen können, das sie selbst gemacht haben und das man sonst nur aus dem Lebensmittelgeschäft kennt", so die Bäuerin. Die Kleinen erfahren bei ihr ganz Grundsätzliches: Woher kommt die Milch? Wie wird eine Kuh gemolken? Wieso legt ein Huhn ein Ei? Die Kinder dürfen mithelfen bei der täglichen Stallarbeit wie Tiere füttern, Kühe beim richtigen Namen nennen, Hasenstall ausmisten, Heu riechen, frisch gemolkene Kuhmilch probieren und vieles mehr. All das sind „Prüfungsfächer" zum Erwerb des Bambini-Stalldiploms. Für Abenteurer gibt es noch die Hof-Ralley „Auf der Suche nach dem Schatz vom Weidererhof". Bei der beliebten Schnitzeljagd finden die Kinder bei jeder Station einen neuen Hinweis und am Ende wartet eine Belohnung.

Ein besonderer Magnet, an dem sich die Kinder oft stundenlang aufhalten, ist der hofeigene Fischteich, denn der lädt zum Angeln und Baden ein und bietet im Sommer eine erfrischende Abkühlung.

Geselligkeit ist den Weiderers wichtig. Bei passender Witterung findet einmal wöchentlich ein Lagerfeuer-Abend am Waldesrand statt. Bei gemütlicher Atmosphäre können die Gäste ihre mitgebrachten Grillsachen auf einer Grillpfanne direkt über dem Feuer zubereiten. Und im urigen Holzbackofen backt Familie Weiderer ihre leckeren Rollbraten bzw. Sengzelten zu.

Jede Woche wird auf dem Hof Bauernbrot gebacken, bei Interesse können Feriengäste gerne zusehen, wie dieses nach alter Tradition zubereitet wird.

Auf den Tisch kommt das Brot dann beim geselligen Heimatabend in der Bauernstube. Hier spielt der Hausherr mit dem Akkordeon auf. Und nicht selten hört man den Gesang und das fröhliche Lachen aus der Weiderer Bauernstube bis weit hinaus über die nächtlichen Felder.

Vom Hof aus lassen sich die Schönheiten des Bayerischen Waldes entdecken, die man dank der günstigen Lage des Hofes in ein paar Autominuten erreichen kann: z.B Seilbahnfahrten auf den Großen Arber, Geiskopf oder den Silberberg. Wunderschön ist auch ein romantischer Wanderspaziergang oder eine nächtliche Fackelwanderung zum Schwellhäusl bei Zwiesel. Das Häusl ist bekannt für die bodenständige und sehr gute Küche.

Der Fluss Regen gilt als einer der schönsten Wan-

derflüsse für Kanu- und Kajaktouren in ganz Deutschland. Hier kann man in fast unberührter Natur auf dem Fluss dahintreiben. Nur auf den ersten Metern, nachdem die Bootsfahrer in Metten bei Regen ihre Kanus oder Kanadier zu Wasser gelassen haben, sind noch einzelne Häuser zu sehen. Dann erlebt man bis Teisnach nur unberührte Natur. Bäume grenzen an beiden Seiten des Regen bis ans Ufer. Die Wälder sind weder mit dem Auto noch auf Wanderwegen zu erreichen. Ein wenig Erfahrung sollte man auf einem kurzen Teilstück bei Auerkiel mitbringen: Das sogenannte „Bärenloch" ist wegen seiner Wellen und Windungen vor allem bei sportlichen Fahrern beliebt.

Kulturfreunde können im Luftkurort Regen einiges entdecken. Hier gibt es viele Kulturveranstaltungen wie zum Beispiel Musikabende oder Lesungen, denn die Region gilt als Heimat vieler Künstler und Schriftsteller.

Was tun bei schlechtem Wetter?

- Glashütte in Zwiesel oder Bodenmais
  Zwiesel Kristallglas AG
  Dr.-Schott-Str. 35, 94227 Zwiesel, Telefon 09922-98249
  www.zwieselkristallglas-werksverkauf.com

- Kristallglasmanufaktur Theresienthal
  Theresienthal 25, 94227 Zwiesel
  Telefon 09922-500930, www.theresienthal.de

- Bier- und Eiskellerführungen
  Durch „Regens Unterwelt“ heißt das Programm und führt durch unterirdische Stollen und Gänge, die oft von den Zwieslern als Fluchtwege oder Verstecke genutzt wurden. Mit anschließender Weißbierprobe nach Vereinbarung.
  Telefon 0170-3635914

- Glasmuseum Theresienthal
  Das private Glasmuseum beherbergt eine der schönsten Glassammlungen weltweit.
  Museumsschlösschen Theresienthal
  Theresienthal 15, 94227 Zwiesel
  Telefon 09922-1030, Telefax 09922-609922
  Öffnungszeiten: Montag bis Freitag: 10.00 bis 14.00 Uhr
  Gruppenbesuche nach telefonischer Vereinbarung.

Geheimtipp des Bauernhoftesters Gert Schickling:

„Probieren Sie gemeinsam mit Ihren Kindern das Bambini-Stalldiplom zu bestehen. Selbst ein Profi lernt dabei noch Neues.“

Der Wieshof
in Kirchberg im Bayerischen Wald

Besonders geeignet für Erlebnishungrige und Genießer

Bauernhof Wieshof
Familie Neumeier
Ebertsried 23
94259 Kirchberg im Wald
Telefon 09927-348
Telefax 09927-903438
wieshof@wieshof-neumeier.de
www.wieshof-neumeier.de

Der Erlebnisbauernhof der Neumeiers liegt im Herzen des Bayrischen Waldes auf 730 m Höhe und ist umgeben von Wiesen und Wäldern. Seit über 40 Jahren werden auf dem Bauernhof, der ein Naturland-Biohof ist, Feriengäste empfangen. Zu dem Hof gehören 11 Hektar Wald und 16 Hektar Grünland.

Appartements und Zimmer

Auf dem Dreiseithof, der fast schon wie ein bayerisches Miniaturdorf ist, gibt es einen Naturbadeteich oder einen Whirlpool am Hang mit herrlichem Blick ins Grüne, einen großzügigen Wintergarten sowie eine Wellness-Oase mit Sauna, Kosmetik- und Massagebereich. „Wir wollen unseren Gästen die Natur nahebringen. Gleichzeitig sollen sie auf keinen Komfort verzichten und rundum erholt wieder nach Hause fahren – um nächstes Jahr wiederzukommen“, sagt Leo Neumeier augenzwinkernd. Der Bauer ist im Übrigen stets gut gelaunt und unterhält seine Gäste gerne mit lustigen Geschichten vom Land. Wenn er sich umschaut, hat er auch allen Grund zur Freude, denn der Wieshof wurde von der DLG 2012 wieder zum „Hof des Jahres“ gewählt.

Die acht Ferienwohnungen mit individuellen Namen wie „Hasen-, Ziegen- oder Pferdestall“ sind jeweils mit zwei Schlafzimmern, großer Wohnküche mit Mikrowelle, Wasserkocher, Stereoanlage, Zimmersafe, Dusche und WC mit Kosmetikspiegel, Föhn und teilweise mit Balkon ausgestattet. Für Familien mit kleinen Kindern gibt es Babybetten, Kinderstühle und kindersichere Steckdosen. Die Ferienwohnungen sind zwischen 50 und 87 Quadratmetern groß und auch für Allergiker geeignet. „Aus diesem Grund müssen Haustiere zu Hause bleiben, so leid uns das tut“, sagt Leo Neumeier.

Auf dem Hof leben genügend Tiere: neben den 17 Milchkühen mit Nachwuchs, kleine und große Pferde, Ziegen, Schafe, Stallhasen, Katzen, Hühner und der Hofhund „Chip“. In einem Gehege kann man sogar Rotwild aus direkter Nähe beobachten. Der Wieshof ist seit Januar 2008 Mitglied im Naturland und seit Mai geprüfter Bio-Betrieb. Das bedeutet für den Wieshof eine artgerechte Tierhaltung.

Aktivitäten rund um den Wieshof

Der Familienbetrieb wird von den Neumeiers mit großem Engagement geführt: Biobauer Leo Neumeier ist gelernter Landwirt und bringt seinen Gästen die echte Arbeit auf dem Bauernhof gerne näher. Bei ihm lernen die Kinder den richtigen Umgang mit Tieren und können das „Melkdiplom“ oder den „Traktorführerschein" machen. Sportliche lernen reiten und entdecken den „Abenteuerwald" mit Lehrpfad. Und auch hier gibt es wieder kleine Extras: ein Holz-Xylophon, ein Barfußpfad, auf dem man mit geschlossenen Augen den Untergrund ertasten muss

und für Geduldige ein Holzpuzzle. Auf dem Waldspielplatz hängen Kletternetze, Hängebrücken, Reckstangen und eine Seilbahn. Stephan, der Erlebnispädagoge, unterrichtet auf dem Hof Blasrohrschießen, Messer werfen und Steinschleuder.

Bei Sonnenschein werden regelmäßig Volleyball- und Fußballspiele veranstaltet und die Gäste können Bogenschießen lernen. „Ja, unser Ziel ist es, dass die Gäste ihr Handy oder ihren Fernseher in der ganzen Zeit bei uns überhaupt nicht anschalten, dann wissen wir, jetzt sind sie mal richtig erholt", sagt Bäuerin Andrea Neumeier.

Opa Hard begeistert die Urlauber mit seinen Wald- und Wiesenwanderungen und betreut liebevoll sein landwirtschaftliches Hof- und Gerätemuseum. Dort bestaunen Interessierte inzwischen über 400 Exponate, die er im Laufe der Zeit gesammelt und restauriert hat.

Oma Franziska backt zusammen mit Kochbegeisterten Hollerküchle, Holunderblütengelee, Blaubeerkuchen oder Schwammerlsuppe, Sengzelten, Bayerwaldpizza, Leberkäse und Rollbraten. Ein besonderes Erlebnis ist das „Boinerfleisch fieseln vom Steinbackofen" oder auf Hochdeutsch: Grillfleisch von den Knochen nagen.

Andrea Neumeier verwöhnt ihre Gäste mit Schönheitstagen oder Wohlfühlanwendungen. Die ausgebildete Diplom-Kosmetikerin mit 25 Jahren Berufserfahrung kennt sich aus mit Schönheitsmitteln aus dem eigenen Garten. Das Highlight für Genießer ist ein Bad im eigenen Whirlpool. Auf Wunsch auch romantisch zu zweit, mit Kerzenlicht, Prosecco und Kinderbetreuung.

Selbst im Winter wird es den Urlaubern auf dem Wieshof nicht langweilig: Die Gäste lernen Eisstockschießen, Langlaufen oder Skaten. Der Motorschlitten wird als Fun-Mobil zum Loipen ziehen oder als Lift eingesetzt.

Nach Schneeschuhwanderungen durch den knirschenden Schnee im Bayerischen Wald werden die Gäste mit selbst gemachtem Kesselgulasch auf dem Wieshof verwöhnt. Der Hof ist ideal für Ferien zu jeder Jahreszeit.

Was tun bei schlechtem Wetter?

- Im acht Kilometer entfernten Regen ist die Burgruine Weißenstein. Sie ist Kulisse für Konzerte, seien es Kammerorchester oder Blasorchester und andere kulturelle Veranstaltungen.
  Freunde der Burganlage Weißenstein e.V.
  Hochreitweg 11, 94209 Regen
  Telefon 09921-6748, info@burgverein-weissenstein.de

- Das Fressende Haus in Weißenstein
  Im ehemaligen Getreidekasten der Burg befindet sich die größte private Schnupftabaksammlung der Welt mit rund 1.200 farbenprächtigen „Schmaidosen".
  Fressendes Haus in Weißenstein
  Weißenstein, 94209 Regen
  Telefon 09921-5106 (während der Öffnungszeiten)
  Telefon 09921-60426

Geheimtipp des Bauernhoftesters Gert Schickling:

„Allein schon das hofeigene Museum auf dem Wieshof ist einen Besuch wert. Lassen Sie sich vom Opa die Geschichte vom „Suppenbrunzer" erzählen oder andere Kuriositäten erklären. Der Mann ist ein wandelndes Heimatlexikon."

Die Autoren

Andrea Zimmermann war bei der Reihe „Der Bauernhoftester“ für das Bayerische Fernsehen als Executive Producer für die Filme verantwortlich. Sie hat für dieses Buch die schönsten Adressen und Ferien-Bauernhöfe zusammengetragen.

Katharina Wildfeuer, geboren im Bayerischen Wald, ist Executive Assistant bei der BR-Reihe „Der Bauernhoftester“. Sie hat das Buch mit ihren Recherchen und ergänzenden Texten maßgeblich unterstützt.

Gert Schickling, geb. 1944 in Füssen im Allgäu, ist bekannt als „Der Bauernhoftester“ aus der gleichnamigen Reihe im Bayerischen Fernsehen. Im „Bayerischen Bauernhoftester“ stellt Gert Schickling seine ganz persönlichen Lieblingshöfe vor und gibt wertvolle Tipps für einen gelungenen Urlaub auf dem Bauernhof.